EL MOTOR DE COMBUSTION INTERNA Y SU IMPACTO AMBIENTAL

Sistemas de escape modernos
Nuevas tecnologias
El mundo: las euro

DAMIAN ALBERTO CUEVAS CHANA

EL MOTOR DE COMBUSTIÓN INTERNA Y SU IMPACTO AMBIENTAL

Sistemas de escape modernos

Nuevas tecnologias

El mundo: las euro

Pje España 1467. Te/Fax: 4680913. (5000) Córdoba. Argentina – editorialuniversitas@yahoo.com.ar

Diseño de Tapa: Universitas
Diseño Interior: Universitas
Producción Gráfica: Universitas

editorialuniversitas@yahoo.com.ar
www.universitaseditorial.com.ar

Cuevas Chana, Damián Alberto

El motor de combustión interna y su impacto ambiental : sistemas de escape modernos, nuevas tecnologías, el mundo : las euro... . - 1a ed. - Córdoba : Universitas Córdoba, 2020.

134 p. ; 20x15 cm.

1. Tecnología. 2. Motores de Combustión. I. Título
CDD 621.43

ÍNDICE

INTRODUCCION

Actualmente los automóviles se enfrentan a dos desafíos fundamentales: por un lado, aumentar la seguridad de los ocupantes para reducir así el número de víctimas de los accidentes de tráfico, ya que en los países industrializados constituyen una de las primeras causas de mortalidad en la población no anciana; por otro lado, aumentar su eficiencia para reducir el consumo de recursos y la contaminación atmosférica, de la que son uno de los principales causantes.

Por otro lado, la escasez de petróleo y el aumento de los precios del combustible en la década de 1970 alentaron en su día a los ingenieros mecánicos a desarrollar nuevas tecnologías para reducir el consumo de los motores convencionales y a acelerar los trabajos en motores alternativos. Para reducir la dependencia del petróleo se ha intentado utilizar combustibles renovables: en algunos países se emplean hidrocarburos de origen vegetal y también se ha planteado el uso de hidrógeno que es un combustible muy limpio, ya que su combustión produce exclusivamente agua, además se obtendría a partir del aire usando, por ejemplo, la energía solar.

Por estas razones esta presentación escrita tendrá la importante tarea de mostrar los daños causados por la contaminación y a consecuencia las mediadas adoptadas por el hombre y por ende la aplicación de las nuevas tecnologías.

Capítulo **1**

CONTAMINACION

El problema de la contaminación atmosférica, se presenta como una situación alarmante dentro de nuestra sociedad.

Los efectos nocivos del el aire contaminado tienen las siguientes características:

Son tras fronterizos, se desarrollan rápidamente y afectan a todos los individuos por igual. Estos son propios de las grandes urbes, sin olvidar que por su naturaleza no se limitan a un espacio geográfico determinado.

Ya en la ciudad capital se sienten sus efectos, y por supuesto, debe forzosamente reducirse, al igual que en las cabeceras de las otras provincias.

El derecho, como ciencia social, debe entrar y operar de forma rápida y efectiva; pero, no sin antes evaluar científicamente las condiciones reales del país, es decir, densidad de población, movimiento geográfico, movimiento comercial, desarrollo industrial, salud y áreas de alta concentración de sustancias tóxicas.

Definición de contaminación

La contaminación tiene su origen en numerosas causas y, si bien puede decirse que siempre a existido, los niveles que alcanza en la actualidad hacen peligrar la biosfera para propiciar y permitir el desarrollo de la vida. Factores como la explosión demográfica, las tendencias multitudinarias de los asentamientos humanos en grandes urbes, las características técnicas de nuestras industrias y la multiplicación de los medios de transporte, han hecho que la contaminación alcance proporciones de desastre, especialmente cuando se contemplan los humos y polvos que cotidianamente depositan en la atmósfera millones de automóviles y chimeneas de fábricas en todo el mundo.

Una de las mayores preocupaciones que tiene la comunidad internacional, es precisamente la ultra territorialidad del problema, ya que la contaminación en especial, la atmósfera, es su indeterminación de límites en unos o varios territorios determinados, por lo que este tipo de contaminación es global y afecta a todos por igual.

Ahora bien, entendamos por contaminación; *"la presencia en el medio ambiente de uno más contaminantes, o cualquiera combinación de ellos, que perjudiquen o molesten la vida, la salud y el bienestar humano, la flora y la fauna, o degraden la calidad del aire, del agua, de la tierra, de los bienes, de los recursos de la Nación en general o de los particulares."*

Deducimos en consecuencia, que un contaminante es todo elemento que en cantidades desmedidas afecta perjudicialmente a la biosfera en toda su extensión y es por esto, que la definición jurídica Internacional de la contaminación la encontramos expuestas en la *ley General del Equilibrio Ecológico y la Protección al Ambiente,* de la siguiente forma: *"Toda materia o sustancia, o sus combinaciones o compuestos, o derivados químicos y biológicos, tales como humos, polvos, gases, cenizas, bacterias, residuos y desperdicios y cualesquiera otros que, al incorporarse o adicionarse al aire, agua o tierra, puedan alterar o modificar sus características naturales o las del ambiente; así como toda forma de energía, como calor, radioactividad, ruidos, que al operar sobre, o en el aire, agua o tierra alter su estado normal".* Las definiciones anteriores, son necesariamente complejas, por el fin u objeto que tratan de ilustrar, sin embargo, no es sino, nuestra legislación la que debería hacer frente al verdadero problema de la contaminación, la cual es sencillamente la acción humana.

Por consiguiente, el establecimiento de valores o indicadores al grado de acumulación, denota la necesidad de frenar, controlar y evitar mayores daños.

En síntesis la contaminación es la alteración nociva del agua, del suelo o del aire producida por los residuos de procesos industriales o biológicos.

Tipos de contaminación

Hay varios tipos de contaminación:

1) Acústica
2) Del agua.
3) Atmosférica, etc.

Acústica

Término que hace referencia al ruido cuando se considera como un contaminante, un sonido molesto (ruido) pude producir efectos fisiológicos y psicológicos para un grupo o persona.

Del agua

Incorporación al agua de materiales extraños, como microorganismos, productos químicos, residuos industriales y de otros tipos, o aguas residuales. Estas materias deterioran la calidad del agua y la hacen inútil para los usos pretendidos, el agua potable se convierte en no potable y dificulta la vida en ella.

Contaminación Atmosférica

Tomando en consideración los datos *supra* descriptos, podemos afirmar que *la contaminación atmosférica no es más que la alteración en la composición de la atmósfera, por todos aquellos materiales o elementos extraños, que por las excesivas y continuas emisiones, aumenta en grandes concentraciones produciendo un daño irreparable al medio, y por lo tanto el desmejoramiento de la calidad del aire.*

La pregunta que debemos hacernos, ¿existe en realidad aire puro?, pero dadas las condiciones de nuestras urbes y las áreas periféricas, la definición, como tal, debe ser eliminada de cualquier tratado que versee sobre la materia.

"El aire limpio es el que se respira en una zona no contaminada por el ser humano, sin embargo, existen trazos de muchos productos químicos que están en el aire, aún en una montaña o en el mar".

El aire respirable, es aquel que no presenta concentraciones de componentes nocivos al ser humano, según los trabajos médicos que correlacionan concentración de contaminantes con efectos sobre la salud humana. Pero no es aire puro; ciertos componentes que están en concentraciones medibles, en el aire respirable, no está (o lo están en concentraciones muy bajas) en el aire limpio; existe un grado de impureza natural en el aire, el cual es tolerable por los seres humanos, siendo el producto de distintos fenómenos naturales, sin embargo, sumando a esto que el hombre contribuye a recargar estos niveles, procurando una saturación de tóxicos para el ecosistema.

Fuentes de la contaminación atmosférica

Para calificar las fuentes de emisiones, autores como el panameño Ramón Antonio Ehrman, en su obra "Protección y Saneamiento Ambiental", señala que: *"los contaminantes atmosféricos pueden ser calificados de acuerdo a: su Fuente, su composición química, las reacciones que pueden producir y sus efectos".*

De lo anterior, lo importante es determinar el origen del problema y hacer una clasificación para poder identificar cada elemento contaminante, por lo que desde nuestra perspectiva estudiaremos la clasificación, como generalmente se conoce, es decir, clasificar las fuentes en fijas y móviles. Veamos cada una de ellas:

1. Fuentes fijas

Así denominadas, por actuar permanentemente sobre un sitio o región, es decir, por estar ahí establecidas. Están constituidas por fábricas, comercios, galpones de almacenajes, talleres metalúrgicos, incineradores, fundiciones, etc. y producen una considerable contaminación, no solo por el uso de combustibles sino por la emisión de vapores solventes orgánicos, o de productos químicos contaminantes. *Las fuentes fijas son las más dañinas, estas actúan sobre todas las áreas de la biosfera y producen, tanto emisiones de humos, polvos, gases, ruidos, radiaciones, etc.* como descargas de aguas residuales o desechos sólidos que afectan, por igual, el aire, los diversos cuerpos receptores de agua o la tierra, por deterioro superficial, filtración o acarreo. "Una emisión de humos y polvos puede no ser por si misma necesariamente peligrosa; para serlo deberá tener una densidad y un volumen tales, durante cierto lapso, que las condiciones atmosféricas no sean suficiente para diluirla o dispersarla en un período de tiempo dado, haciéndola inocua. La peligrosidad se inicia, precisamente, a partir del momento en que la cantidad de elementos no deseables emitidos, rebasa la capacidad natural de dispersión, transformación o anulación, creando, por lo tanto una concentración que rompe el equilibrio".

Lo anterior es consecuencia, de la tendencia de agrupar en ciertas áreas; en especial las urbanas, los contaminantes que emitidos por la fuentes fijas, no pudieron ser desplazados por la circulación atmosférica y a los que se unen los provenientes de las fuentes móviles y de las naturales.

2. Fuentes móviles

Son aquellas que por su capacidad de traslado, no permiten encuadrarlas e un área determinada, por lo que *su peligrosidad es constante, progresiva e indeterminable a cada agente contaminador, ya que su medición abarca un gran número de agentes contaminantes. Aquí, los transportes son los causantes de la mayor concentración de contaminación en las zonasurbanas.* Los automóviles poseen cuatro fuentes de contaminación que son: el tubo de escape, el cárter, el carburador y el depósito de combustible.

De ellos la contribución que se obtiene de contaminantes es la siguiente:

- *2. a.* "Pérdida por evaporación en el depósito y en el carburador 20% de los hidrocarburos.
- *2. b.* Respiradero del cárter, 25% de los hidrocarburos.
- *2. c.* Tubo de escape, 55% de los hidrocarburos y casi la totalidad del plomo y de los óxidos de nitrógeno y azufre"

Principales contaminantes y sus efectos sobre la salud humana

Los efectos producidos o que se generan por la presencia de concentraciones anormales de estas sustancias, pueden ser muy variables, no sólo afectan la salud del hombre, sino que también afecta el medio natural. A continuación, analizaremos los efectos de la salud humana, tomando en consideración las principales sustancias, productos de las emisiones vehiculares que son dispersas en el aire de nuestra ciudad.

1. Óxidos de carbono

Es el producto de la combustión incompleta de combustibles que contienen carbono y en algunos procesos industriales y biológicos. Sin duda, la fuente más importante en el nivel de inhalación es el escape de vehículos con motores de gasolina y diesel, en donde los índices de emisión dependen del tipo de vehículos, velocidad y modo de operación.

Los gases resultantes son el monóxido de carbono (CO) y el bióxido de carbono (CO2). El principal efecto sobre la salud humana es que disminuye la capacidad de la sangre de transportar oxígeno e irrigarla a los tejidos, disminuyendo, en condiciones de saturación, la presión arterial, lo que acarrea alteraciones cardiacas.

Igualmente, producen síntomas como cansancio injustificado, dolores persistentes de cabeza, reducción de la percepción visual, de la habilidad motora, de la capacidad para aprender y realizar ciertos trabajos intelectuales.

2. Óxidos de azufre

El bióxido de azufre, presentes como impureza en muchos carbones y aceites pesados, al igual que en combustibles como la gasolina y el diesel. Durante el proceso de combustión, una parte del azufre de esos combustibles puede oxidarse aún más y producir trióxido de sulfuro, que junto con el bióxido de carbono, *puede producir irritaciones en las vías respiratorias y agravar problemas asmáticos*, en el caso de los infantes aumenta significativamente sus efectos al provocar una disminución en las funciones pulmonares.

3. Óxido de nitrógeno

Los principales óxidos de nitrógeno con el óxido nítrico (NO) y el bióxido de nitrógeno (NO2), el óxido nítrico(NO), es emitido por los vehículos de motor y los dispositivos fijos de combustión, mientras que el bióxido de nitrógeno (NO2), tiene su origen en las industrias químicas y las nitraciones provenientes de procesos biológicos del suelo. Los óxidos de nitrógeno, en condiciones de saturación irritan las vías respiratorias y al combinarse con la hemoglobina, aumenta los niveles de bilirrubina, indicativo de una anemia hemolítica. También debemos agregar que los óxidos de nitrógeno son ingredientes importantes del "smog".

4. Hidrocarburos

En las áreas urbanas los contaminantes derivados de los hidrocarburos son producidos principalmente por la combustión incompleta de la gasolina en vehículos motorizados. Los hidrocarburos se encuentran muy diluidos en al aire urbano y no producen serios problemas ambientales. Sin embargo, el benceno que proviene del cemento, del caucho y de los removedores del barniz, y la combustión de combustibles fósiles *son cancerígenos*. Los hidrocarburos al combinarse con otros contaminantes atmosféricos, como por ejemplo los óxidos de nitrógeno, *producen "smog"*.

5. Plomo (Pb)

El aditivo más importante para las naftas y más usado por los refinadores como antidetonantes y mejorador octánico, ha sido el tetraelito de plomo. "El plomo en el aire de las ciudades generalmente proviene de ésta sustancia y un 90% del plomo en el aire deriva de la combustión de la gasolina."

Se ha descubierto que es un tóxico altamente poderoso que se absorbe con el aire que respiramos, y sus compuestos son liposolubles y se incorporan por la vía aérea; pero también, por la piel. *El plomo produce en el hombre, saturnismo; "enfermedad crónica producida por la intoxicación ocasionada por el plomo, por sus sales o por sus óxidos, absorbidos por las mucosas de las vías respiratorias y por la piel.*

Capítulo 2

EL MEDIO AMBIENTE

El medio ambiente es el conjunto de todo aquello que nos rodea, el suelo, el aire, el agua, los animales, la vegetación, etc. Todas las especies de organismos necesitan para vivir una serie de condiciones que se encuentran en la biosfera. Por ej.: Los humanos no podemos vivir en temperatura de –20ºC o 60ºC, o en atmósferas sin oxígeno o con mucho CO_2. Estos y otros factores constituyen nuestro *medio ambiente fisicoquímico*. Además necesitamos de los seres vivos que nos dan alimento, esto es el *medio ambiente biológico*. El conjunto de unos y otros forma nuestro medio ambiente. Las demás especies también necesitan estas condiciones.

En geografía, se asigna esta denominación a extensas áreas del territorio que poseen una cierta homogeneidad o uniformidad, tanto sus sistemas ecológicos (clima, relieve, suelo, vegetación, etc.), como en la manera en que las distintas sociedades organizan esos territorios.

La ecología

La ecología es una ciencia muy reciente. Este término fue utilizado por primera vez por el biólogo alemán E. Haechel. Se considera que *la ecología es el estudio de las relaciones existentes entre los organismos y el medio ambiente en que viven.*

Actualmente, esta ciencia aparece como una disciplina bastante original y compleja, que tiene como objetivo el análisis y gestión de los ecosistemas, porque sus finalidades importantes es ofrecer soluciones a problemas ambientales.

La contaminación del aire

Antes de hablar de la contaminación del aire hay que decir como está formada la atmósfera. La atmósfera se divide en distintas capas, cada una de ellas es fundamental para la vida. *La atmósfera tiene 5000 billones de toneladas de gases. Está compuesto por 78% de Nitrógeno, 21% de Oxígeno y el 1% de Argón, Neón, Helio, Kriptón, Xenón y Dióxido de Carbono.*

La atmósfera se divide en cinco capas:

- *Troposfera:* Es la más importante para nosotros, también se llama Biosfera, desde el punto de vista biológico, donde predomina la vida. Se producen fenómenos atmosféricos (lluvia, nieve, etc.). Se extiende desde 0 a 12 km. de la tierra. La temperatura desciende de 6-5° por cada km. que ascendemos.

- *Estratosfera:* Se encuentra desde los 12 km. a los 85 km. En ésta se destruyen la mayor parte de los meteoritos que van a la tierra. En esta capa también está la *Ozonósfera*, que se encuentra a unos 25 km. de altura. En esta segunda capa aumenta la temperatura.

- *Mesosfera:* Se extiende desde 85 a 100 km. Su temperatura disminuye con la altura. Posee poco oxígeno. Hay estrellas fugaces.

- *Ionosfera:* Se llama también *Termósfera*, desde los 80 a los 500/700 km. de altitud. Gran parte de los gases están ionizados debido al impacto de las radiaciones solares.

Se reflejan las ondas de radio emitidas desde la superficie terrestre.

- *Exosfera:* Esta zona comienza a partir de los 500/750 km. Su limite exterior es difuso y se confunde con el espacio interestelar. Está compuesto por Hidrógeno y Helio. Se producen las auroras boreales superiores.

- *Capa de ozono:* zona de la atmósfera de 19 a 48 km. por encima de la superficie de la Tierra. En ella se producen concentraciones de ozono de hasta 10 partes por millón (ppm). *El ozono se forma por acción de la luz solar sobre el oxígeno. La capa de ozono protege a la vida del planeta de la radiación ultravioleta cancerígena, su importancia es inestimable.* los científicos se preocuparon al descubrir, en la década de 1970, que ciertos productos químicos llamados clorofluorocarbonos, o CFC (compuestos del flúor), usados durante largo tiempo como refrigerantes y como propelentes en los aerosoles, representaban una posible amenaza para la capa de ozono. Al ser liberados en la atmósfera, estos productos químicos, que contienen cloro, ascienden y se descomponen por acción de la luz solar, tras lo cual el cloro reacciona con las moléculas de ozono y las destruye. Por este motivo, el uso de CFC en los aerosoles ha sido prohibido en muchos países. Otros productos químicos, como los halocarbonos de bromo, y los óxidos nitrosos de los fertilizantes, son también nocivos para la capa de ozono. Los investigadores que trabajaban en la Antártida detectaron una pérdida periódica de ozono en las capas superiores de la atmósfera por encima del continente. El llamado agujero de la capa de ozono aparece durante la primavera Antártida, y dura varios meses antes de cerrarse de nuevo. Otros estudios, realizados mediante globos de gran altura y satélites meteorológicos, indican que el porcentaje global de ozono en la capa de ozono de la Antártida está descendiendo. Vuelos realizados sobre las regiones de la Ártico, descubrieron que en ellas se gesta un problema similar.

La contaminación del aire se produce mediante los procesos industriales, las combustiones domesticas que al quemar combustibles sólidos desprende gas sulfuroso. Otros gases tóxicos son el Monóxido de Carbono, Óxido de Nitrógeno, que ingresan a la atmósfera por la combustión de los motores y de las plantas generadoras de energía. Cabe citar partículas de plomo que se desprenden de los automotores; ya que éste forma parte de los combustibles, sindicados por desprendimiento en la elaboración de cemento, Óxido de hierro en las zonas siderúrgicas. El uso de plaguicidas, con los que se combaten ciertos animales e insectos, es también causa de la contaminación atmosférica.

Entre las consecuencias de la contaminación del aire, son notables las lesiones bronco – pulmonares (bronquitis, asma, etc.), así como la actividad cancerígena que producen los hidrocarburos. No escapa a su acción el aparato digestivo y los sistema nerviosos y circulatorios. El humo de los cigarrillos que modifica el microclima de quien fuma y de quienes lo rodean.

Principales consecuencias

Zonas, daños y como solucionarlo

La LLUVIA ÁCIDA: ¿Qué es?

(Forma de contaminación atmosférica, actualmente de gran controversia debido a los extensos daños medioambientales que se le han atribuido).

Algunos líquidos, como el jugo de limón, tienen sabor agrio, esta acritud se llama acidez y los líquidos con estas características se llaman ácidos. Se dice que el agua destilada es neutra, no tiene acidez. El agua de lluvia normal es ligeramente ácida. Pero en las zonas más contaminadas la lluvia llega a ser tan o más ácida que el jugo de limón.

Cuando los ácidos fuertes se introducen en ambientes naturales pueden causar graves daños a las plantas, a los animales y a las personas.

Estos ácidos pueden incluso corroer gradualmente edificios y diversos materiales.

La mayor parte de los ácidos de azufre y de nitrógeno que se combinan con agua para formar lluvia acicalo se producen al quemar combustibles.

El azufre existe de manera natural, que desprende oxido de azufre. El nitrógeno se encuentra en los combustibles líquidos y en la atmósfera, y también se evapora a los fertilizantes agrícolas.

Pese a su nombre, la lluvia ácida no siempre es húmeda. Las sustancias que se combinan para formarla pueden también producir un polvo seco e invisible que, al caer en un determinado lugar, daña seriamente el medio ambiente.

La contaminación del aire causada por la quema de combustibles, como el carbón, puede producir una niebla baja, sucia e infestada de humo, conocida como niebla tóxica

a) Formación:

Se forma cuando los óxidos de azufre y nitrógeno se combinan con la humedad atmosférica para formar ácidos sulfúrico y nítrico, que puede ser arrastrado a grandes distancias de su lugar de origen antes de depositarse en forma de lluvia.

Adopta a veces también la forma de nieve niebla, o puede precipitarse en forma sólida. De hecho, aunque el término de lluvia ácida viene usándose más de un siglo, *un término científico más apropia-*

do sería deposición ácida. La forma seca de las deposiciones tan dañina para el medio ambiente como la liquida.

b) Zonas:

Uno de los mayores problemas que representa la lluvia ácida es que puede desplazarse desde el lugar en que se forma hasta otras zonas. Las altas chimeneas, construidas para asegurar que la contaminación de las industrias se aleje de las ciudades más cercanas, elevan la contaminación a la atmósfera.

Cuando es atrapada por la humedad del aire, se forman ácidos, que permanecen en las nubes. Estas nubes son empujadas por el viento y a menudo son empujadas a lugares muy distantes de donde se originaron. Al cabo de dos o tres días los ácidos caen con la lluvia.

La lluvia ácida que se origina debido a la contaminación atmosférica puede caer cerca de la zona donde se ha originado.

Aunque las zonas mas afectadas por la lluvia ácida son las del norte de Europa, sureste de Asia y norte de América debido a las grandes industrias.

c) Daños:

(En la naturaleza: Erosión del suelo, destrozos de plantaciones bosques y eliminado parte de la vida de los lagos dulces)

Tiene un efecto dramático sobre la vida acuática cuando cae directamente en los lagos, lega asta ellos deslizándose por las laderas de las montañas o es llevada por los ríos y arroyos. La mayoría de las plantas y animales que viven en lagos limpios y sin contaminar no tolera el agua ácida. Además, también pueden envenenar los lagos con algunas sustancias que la lluvia ácida extrae del suelo circundante y arrastra hasta el agua.

Por todo el mundo existen lagos en los que la vida salvaje ha sido frecuentemente dañada o ha desaparecido totalmente como resultado de la lluvia ácida.

La lluvia ácida también puede afectar a los bosques. En muchos países, los árboles están perdiendo sus hojas.

Algunos se están muriendo. Con toda certeza, la lluvia ácida ha sido el principal causante del deterioro de los bosques.

La lluvia ácida somete a los árboles a unas condiciones de vida muy difíciles. Los árboles necesitan un suelo sano para poder vivir.

Pero la lluvia ácida daña el suelo, ya que altura las distancias que lo componen y modifican el delicado equilibrio vegetal.

Cuando la lluvia ácida entra en contacto con los materiales de edificios, estatuas, vidrierías, pinturas y otros objetos pude dañarlos e incluso destruirlos. Poco a poco los va corroyendo, causándoles con el tiempo grandes daños. Los materiales de construcción se desintegran, los materiales se corroen, el color de la pintura se deteriora, el cuero se debilita y en la superficie de los cristales se va formando una costra.

La lluvia ácida y los demás tipos de contaminación que la acompañan (nieve ácida, niebla tóxica ácida, sedimento seco y ozono de superficie) *no solo perjudican al medio ambiente, sino también a las personas*. Respirar el ácido presente en la niebla tóxica o en el polvo seco puede ocasionar problemas respiratorios. El ozono de superficie también puede producir dificultades respiratorias, y a veces causa irritación en los ojos en la nariz y en la garganta. A las personas con asma les perjudican mucho esta forma de contaminación.

d) Como solucionarlo:

El problema de la lluvia ácida puede atajarse. La depuración del humo de las fábricas y viviendas en las décadas recientes ha contribuido a su disminución, pero es preciso tomar más medidas para resolver este problema.

Medidas a nivel mundial

- Limitar la contaminación de las centrales térmicas.
- *Disminuir los gases de los tubos de escape de los automóviles. En muchos países se están introduciendo catalizadores de tres vías, que se acoplan a los tubos de escape y eliminan 90% de los óxidos de nitrógeno y también otros contaminantes.*
- *Restringir el uso de automóviles, fomentando la utilización del transporte público utilizando formas alternativas de transporte público y utilizando formas alternativas de transporte, como la bicicleta.*
- Ahorrar energía en las viviendas y fábricas, e investigar y aplicar formas alternativas de energía, como la solar y la eólica.
- Aumentar las regulaciones sobre la producción de contaminación y controlar que se cumplan estas normas.

La Capa de Ozono

Ozono

Molécula formada por tres átomos de oxígeno. *Es un gas incoloro con un olor fuerte. Se forma cuando los óxidos de nitrógeno y los hidrocarburos se combinan con luz solar.* En la atmósfera, el ozono forma de modo natural una capa ligera que nos protege de los rayos ultravioletas del sol. Pero cuando se haya a nivel del suelo es mortal.

El Sol junto con la atmósfera (capa de gases que envuelve la Tierra) hacen posible la vida en nuestro planeta. Sin ellos, la Tierra sería un planeta frío y oscuro.

La luz del Sol es imprescindible para que las plantas vivan y crezcan. Los animales no utilizan la energía del Sol directamente, Pero dependen de las plantas para alimentarse. Sin ellas no existirían los animales, y sin el Sol no habría plantas.

El Sol no produce sólo luz y calor, sino también formas de radiación que son perjudiciales para la Vida sobre la Tierra.

La capa de ozono (fina capa de gas que se encuentra en la atmósfera) es especialmente importante para filtrar las radiaciones peligrosas del Sol.

La capa de ozono está en peligro. Los elementos químicos que pueden destruir el ozono llegan a la atmósfera procedente de nuestras casas, fábricas, pueblos y ciudades.

La capa de ozono

Se cree que cuando la radiación ultravioleta (radiación invisible) causa el bronceado de la piel es beneficiosa, pero el exceso de radiación puede ser también causante del cáncer de piel. *Esta capa es filtro de las radiaciones ultravioleta.*

La cantidad de ozono en la atmósfera es, más o menos siempre la misma. *La amenaza para la capa de ozono procede de la polución,* que puede destruir el ozono, lo cual acabaría con el equilibrio en la atmósfera.

a) Causantes de la destrucción de la capa de ozono:

La composición de la atmósfera está cambiando como resultado de la acción humana. Parte de la atmósfera, la capa de ozono, se encuentra bajo la amenaza de elementos químicos que nosotros utilizamos. Los mayores culpables son los CFC (elementos químicos llamados cloroflurocarbonos, y tienen un gran número de aplicaciones. Se utilizan en aerosoles, frigoríficos, algunos *sistemas de aire acondicionado* y espumas sintéticas. Éstos pueden mantenerse activos en la atmósfera durante más de 100 años, moviéndose lentamente a través de ella antes de descomponerse en los elementos químicos que destruyen la capa de ozono.

Los CFC, proceden de diversas fuentes:

1) De los aerosoles que utilizamos para uso personal y doméstico.
2) De los sprays como lacas desodorantes.
3) En algunas espumas sintéticas, empleadas como material de embalaje.
4) En frigoríficos.
5) *En aires acondicionados, sobre todo en los que utilizan los coches.*
6) Las fábricas en la que se producen los aerosoles.
7) El teraclorulo de carbono, un elemento químico empleado para fabricar los CFC y que se vende en algunos países como disolvente.
8) Los alones, que se encuentran en algunos extintores.
9) *El meticloroformo, utilizado como disolvente, que a su vez es empleado para pegamentos y algunas pinturas.*
10) El tricloroetano, en el líquido corrector.

Existen, además de los CFC, otros elementos que también contribuyen.

b) *El agujero, zonas:*

En cierta época del año, en la Antártida, los niveles de ozono descienden drásticamente. Existe una zona en la capa es tan poco densa, que constituye prácticamente un agujero.

Durante la primavera, *existen algunas áreas sobre la Antártida donde más del 40% del ozono desaparece. Este agujero es tan grande como Norteamérica y tan profundo, o alto, como el Everest.*

Los estudios realizados muestran que los niveles de ozono en la atmósfera de la Antártida varían de año en año. Pero se ha observado que el agujero, en los últimos años, se va agrandando más de lo normal. Se han encontrado elementos químicos destructores de ozono. Son los responsables del agujero.

c) *Daños:*

La capa de ozono absorbe gran cantidad de la peligrosa radiación ultravioleta. *Si llega a nosotros más radiación podría causar cáncer de piel y cataratas*, pero no solo afecta a nosotros sino al resto de los seres vivos de la Tierra. En tierra si la capa de ozono se ve más afectada y pierde más gases pude afectar a las plantas que son la base de la red alimenticia, y en el mar puede afectar a la vida del plancton los grandes peces morirían de hambre.

d) *Como solucionarlo:*

Existen alternativas para reemplazar los CFC, por ejemplo, los spray pueden ser reemplazados por pulverizadores, las espumas sintéticas y los materiales aislantes se pueden fabricar sin CFC, Los CFC de los frigoríficos pueden ser reciclados, además de reducir cada vez la contaminación causada por las industrias y los vehículos.

A nivel mundial

En septiembre de 1987, varios países firmaron un acuerdo llamado Protocolo de Montreal. En el que se comprometían a reducir a la mitad la producción de CFC en un período de 10 años. Además de existir diversos tratados que de alguna manera quieren erradicar la contaminación atmosférica o buscar disminuirla con la aplicación de nuevas tecnologías.

Para ello es vital que todos los países trabajen en colaboración para que la gente pueda obtener los productos que desea, pero sin destruir nuestro medio ambiente.

El efecto invernadero

¿En que consiste el efecto invernadero?

La Tierra se calienta gracias a la energía del Sol. Cuando esta energía llega a la atmósfera, una parte es reflejada de nuevo al espacio, otra pequeña parte es absorbida, y la restante llega a la Tierra y calienta su superficie.

Pero cuando la Tierra refleja a su vez la energía hacia la atmósfera, ocurre algo diferente. En lugar de atravesarla y llegar al espacio, los gases de la atmósfera absorben una gran parte de esta energía. Esto contribuye a mantener caliente el planeta.

De esta manera, la atmósfera deja que la radiación solar la atraviese para calentar la Tierra, pero no deja salir la radiación que la Tierra irradia hacia el espacio. En similar a lo que ocurre en un invernadero, por eso lo llamamos efecto invernadero.

Los gases invernadero de la atmósfera cumplen la función de mantener la temperatura media adecuada para la Tierra, a pesar de que las temperaturas varíen mucho de un lugar a otro. Si estos gases aumentaran, retendrían demasiado calor. Esto provocaría el recalentamiento del planeta (la polución ha hecho que el efecto invernadero aumente al contener la atmósfera mayor cantidad de gases que retienen el calor. Debido a ello, las temperaturas medias mundiales están subiendo, produciéndose un recalentamiento del planeta).

a) *Los gases invernadero:*

La atmósfera contiene unos gases que, aunque existen en pequeñas cantidades, retienen el calor que irradia la Tierra. Entre los gases naturales que retienen el calor están el dióxido de carbono, el metano, el óxido de nitrógeno, el vapor de agua y el ozono. Todos ellos son importantes gases invernadero.

Pero la atmósfera contiene unos gases artificiales fabricados por el hombre, que contribuyen al efecto invernadero. Entre ellos destacan los CFC, elementos químicos responsables en gran medida de la destrucción de la capa de ozono que protege la vida.

Si la atmósfera no tuviese dos gases que se producen de forma natural: el dióxido de carbono y el vapor de agua, la Tierra estaría a 30 ºC más fría de lo que esta en la actualidad. Pero la polución está incrementando la cantidad de gases invernadero presentes en a atmósfera, y corremos el riesgo de que la Tierra se recaliente.

El carbón, el petróleo y el gas natural son combustibles fósiles, se llaman así porque se han acumulado durante millones de años. Los quemamos para producir calor y energía. Cuando se queman emiten dióxido de carbono, este gas contribuye a aumentar el efecto invernadero.

La deforestación contribuye doblemente al efecto invernadero, su combustión libera grandes cantidades de dióxido de carbono, además elimina los árboles que podrían absorber ese gas.

El dióxido de carbono es el más abundante gas invernadero, pero hay otros muchos, se han identificado hasta 30, y es probable que existan más, muchos existen en la atmósfera en pequeñas cantidades, pero su poder atrapador de calor es aterrador y pueden llegar a vivir hasta un siglo, lo que nos indica que vamos a tener que enfrentarnos a este problema durante mucho tiempo.

b) *Zonas:*

El efecto invernadero afecta a todo el mundo aunque en algunos sitios más que en otros, como es el caso de Europa del sur donde los científicos estiman que las temperaturas podrían ser superiores a la media global de subida.

c) *Daños:*

Con veranos menos lluviosos, algunas zonas podrían convertirse en desiertos, aunque el efecto invernadero podría, a corto plazo, favorecer a lugares como Siberia, donde mejoraría la agricultura. Pero al derretirse la capa de hielo que la recubre permanentemente, podrían producirse escapes de metano.

Si la Tierra se recalentara, y el hielo se derritiese el nivel del mar subiría de 20 a 40 cm. para los próximos años, y seguir subiendo.

Gran parte de Holanda ha sido ganada al mar, y vastas extensiones del país están por debajo del nivel del mar. *Las islas Malvinas, son muy bajas y si el nivel del mar subiera un metro se inundarían.*

d) *Como solucionarlo:*
A nivel mundial:

Para disminuir los niveles de dióxido de carbono hay que quemar menos combustible fósil. Esto se puede conseguir si utilizamos energías alternativas (energías renovables, que ya se explican anteriormente).

Otra forma de reducir el nivel de dióxido de carbono es deteniendo la deforestación, o plantando árboles que transforman el dióxido de carbono del aire.

Capítulo 3

EL AUTOMOVIL

Automóvil, llamamos así a cualquier vehículo mecánico auto-propulsado diseñado para ser usado en carreteras. Se puede decir que el término se utiliza en un sentido más restringido para referirse a un vehículo de ese tipo con cuatro ruedas y pensado para transportar menos de ocho personas. Los vehículos para un mayor número de pasajeros se denominan autobuses o autocares, y los dedicados al transporte de mercancías se conocen como camiones. El término vehículo automotor engloba todos los anteriores, así como ciertos vehículos especializados de uso industrial y militar.

Un poco de Historia

Los Pioneros

Desde que el hombre comenzó a andar sobre sus dos pies, y las primeras civilizaciones crecieron, creció asimismo la importancia de las rutas comerciales que las comunicaban entre sí. Los caminos por los que se viajaba a caballo evolucionaron hasta convertirse en carreteras por las que podían circular carros y carretas. Así por más de 5.000 años los carros, carruajes y diligencias tirados por caballos fueron un medio eficaz de transporte, hasta que un día, el hombre descubrió que las energías de la naturaleza podían ser dominadas y comprimidas para reemplazar con ellas las fuerzas de tracción de los caballos.

Esta revolución se inició en el siglo XVIII, con el auto a vapor concretado en China, sin embargo, la primera aplicación documentada de esa fuerza natural data de un siglo más tarde, y se debe al escritor e inventor francés Nicholas-Joseph Cugnot, quien ante la necesidad de su gobierno de un tractor autopropulsado que arrastrara la artillería, presentó en 1769 el primer vehículo utilizable impulsado a vapor. Se trataba de un triciclo de 4 toneladas y media, con ruedas de madera y llantas de hierro, movido por la fuerza del vapor generado por una caldera. Lamentablemente este prototipo no tuvo suerte ya que se estrelló contra un muro.

Después de otros fracasos, por fin tuvo más éxito en Inglaterra, donde en 1840 se construyeron en gran Bretaña más de 40 coches y tractores, en esos tiempos circulaban regularmente 9 diligencias a cada una de las cuales transportaba entre 10 y 20 pasajeros a 24 Kilómetros por hora, pero estas diligencias exigían buenos caminos.

Por esos mismos años, la aparición del ferrocarril aseguró un transporte más suave y efectivo: el vehículo individual impulsado por vapor quedaba condenado a muerte. Después de muchos intentos hacía falta una nueva forma de mover los coches autopropulsados. Y la novedad apareció en Europa.

La idea del motor de combustión interna había surgido en Inglaterra a fines del siglo XVIII; pero sólo en 1860 el belga Etienne Lenoir patento en Francia el primero realmente utilizable. En la exposición de Paris de 1867, el industrial alemán Nicholas Otto presento una maquina de casi dos toneladas de peso y cinco metros de largo, concebida por su ingeniero Gottlieb Daimler: ya era un motor de combustión interna con ciclo de cuatro tiempos. En 1885, tras años de trabajo, Daimler presentó una variante de sólo 41 Kilos, fue el prototipo de todos los motores anteriores. Un año después, Benz iba a patentar el primer automóvil.

KARL BENZ

El 25 de noviembre de 1844 en Karlsruhe nace Karl Benz, estudia ingeniería mecánica en la escuela politécnica de su ciudad, y tras graduarse a la edad de 20 años, trabaja un tiempo como montador de una fundición, posteriormente abre un taller mecánico junto con un socio. Sin embargo, una crisis económica le obliga a vender la maquinaria, pero, sin lograr disminuir su interés por la mecánica.

Benz se convierte en pionero de la industria del automóvil, cuando pone en marcha su triciclo motorizado, en ese momento no sospechaba que ese vehículo a nafta que acababa de inventar iba a revolucionar la vida del hombre. El triciclo de Benz comenzó a andar en 1886: Hoy, a más de un siglo, más de cuatrocientos millones de automóviles ruedan por los caminos del mundo.

En el año 1878 desarrolló un motor de combustión interna de dos tiempos y, posteriormente, uno de cuatro tiempos. Inventó el diferencial y otros accesorios. Consigue una patente que le identifica como creador del primer automóvil "capaz de moverse por sí mismo" con un motor de combustión interna. Era un triciclo con la rueda delantera dirigible (pues no había podido resolver los problemas de dirección con dos ruedas), un sólo cilindro y 0,88 caballos. Circuló por las calles de Munich en 1886. Junto con el también alemán Gottlieb Daimler, quien le ayudo en la fabricación del primer automóvil.

Karl Benz fue el fundador de la famosa fábrica de automóviles que lleva su nombre. Falleció el 4 de abril de 1929 en Ladenburg, Alemania.

Sistemas de un autómovil

Los componentes principales de un automóvil son el motor, la transmisión, la suspensión, la dirección y los frenos. Estos elementos complementan el chasis, sobre el que va montada la carrocería.

A continuación se ilustra la estructura característica del sistema de un automóvil:

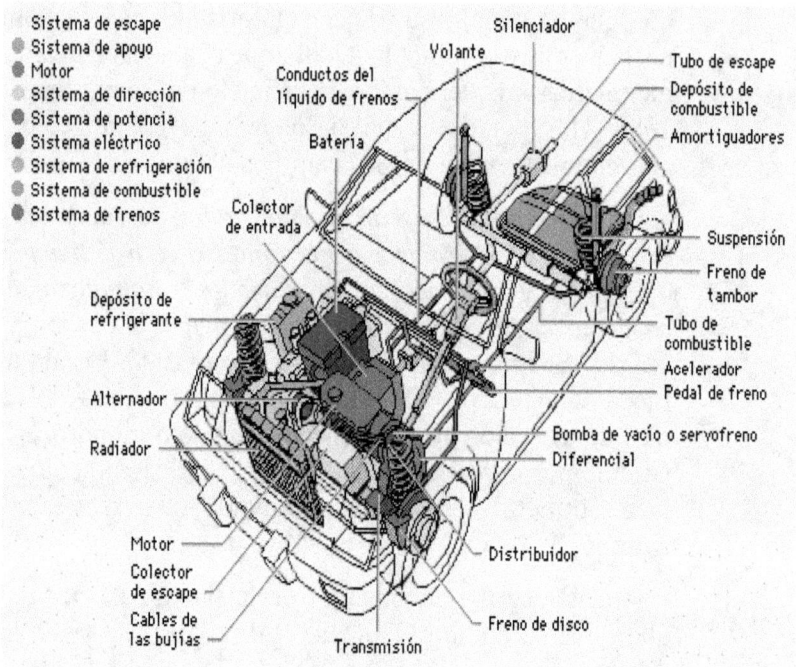

En un automóvil tradicional se consideran cinco elementos principales en la construcción de él: Motor, Transmisión, Suspensión, Dirección y Frenos.

MOTOR: El motor proporciona energía mecánica para mover el automóvil. La mayoría de los automóviles utiliza motores de explosión de pistones, aunque a principios de la década de 1970 fueron muy frecuentes los motores rotativos o rotatorios. Los motores de explosión de pistones pueden ser de gasolina o diesel.

TRANSMISIÓN: La potencia de los cilindros se transmite en primer lugar al volante del motor y posteriormente al embrague, donde la potencia se transfiere a la caja de cambios o velocidades. En los automóviles de tracción trasera se traslada a través del árbol de transmisión hasta el diferencial, que impulsa las ruedas traseras por medio de los palieres o flechas. En los de tracción delantera, que actualmente constituyen la gran mayoría, el diferencial está situado junto al motor, con lo que se elimina la necesidad del árbol de transmisión.

SUSPENSION: La suspensión del automóvil está formada por las ballestas, horquillas rótulas, muelles y amortiguadores, estabilizadores, ruedas y neumáticos.

DIRECCIÓN: La dirección se controla mediante un volante montado en una columna inclinada y unido a las ruedas delanteras por diferentes mecanismos. La servodirección, empleada en algunos automóviles, sobre todo los más grandes, es un mecanismo hidráulico que reduce el esfuerzo necesario para mover el volante.

FRENOS: Un automóvil tiene generalmente dos tipos de frenos: el freno de mano, o de emergencia, y el freno de pie o pedal. El freno de emergencia suele actuar sólo sobre las ruedas traseras o sobre el árbol de transmisión. El freno de pie de los automóviles modernos siempre actúa sobre las cuatro ruedas.

Capítulo 4

LA COMBUSTIÓN

Antes de ponernos a describir levas, bielas, tuercas y bulones vamos a tratar de comprender el inicio de todo el proceso de un motor de combustión interna. Vamos a tratar de entender que es y como se produce la combustión en el interior de dicho motor.

Sabemos que nuestro automóvil, camión, pickup o moto, esta impulsado por un motor que la ingeniería designa como *"motor de combustión interna" sea naftero, diesel o de dos tiempos. Sabemos que consume, "quema", un combustible, sea nafta, gasoil, gas o una mezcla de nafta y aceite.*

Aclaremos que se entiende por *" Motor de combustión interna".* Motor quiere decir que es un artilugio mecánico que se ocupa de transformar alguna forma de energía, en este caso calor, en movimiento, que es capaz de mover algo. De combustión interna significa que dentro de sí genera una transformación (combustión) en la que interviene de alguna manera el calor y su consecuencia que es la temperatura.

"Misteriosamente (por ahora) usted carga en la estación de servicio un combustible, y su vehículo se ocupa de transformarlo en movimiento. Lo único que se percibe exteriormente de lo que sucede en las entrañas de su automóvil es un suave ruido (a veces no tan suave) que se emite por el caño de escape acompañado de gases calientes. Si usted toca el capó seguramente percibirá calor, y si pone en marcha el calefactor de su auto verá como sale aire a temperatura elevada".

Es decir, que nuestro mágico automóvil a cambio de combustible nos lleva confortablemente a todas partes emitiendo, además, calor, algo de ruido y gases de escape. No cabe entonces ninguna duda que dicho calor representa un papel importantísimo en nuestro motor.

En esta primera fase trataremos de entender como se transforma el combustible en calor, y posteriormente como se transforma en movimiento. Analizaremos como es esa transformación en el interior del motor, sin tomar en cuenta por ahora como se relacionan o actúan mecánicamente las piezas que permiten pasar de la combustión al movimiento. Dejaremos para mas adelante cuales son los elementos que hacen que esa mezcla se encienda, y como se gobierna la dosificación del combustible.

Sin ningún lugar a dudas el punto más importante en el diseño de un motor es el control más perfecto posible de la combustión, y obviamente como aprovechar de la mejor manera posible la misma. Allí comienza y termina todo. El resto es acompañamiento mecánico.

Para que el vehículo pueda funcionar todo comienza allí, en la combustión, por lo tanto si logramos entenderla tendremos un excelente punto de partida para comprender lo demás. Veamos que *si la combustión es mala, por la causa que sea, el mejor motor del mundo funcionará mal.* Es de fundamental importancia comprender este fenómeno, *ya que una mala combustión, además de afectar nuestro bolsillo y el rendimiento de los motores, genera subproductos o residuos que atentan directamente contra nuestra salud y nuestra vida.*

Hay que tener presente ello cuando aspiremos los gases y humos siniestros que emite ese vehículo que va delante del nuestro y tiene su motor evidentemente mal calibrado.

Para que exista una combustión deben estar presentes siempre dos elementos: el combustible y el comburente, o dicho de otra manera el que se quema y el agente que facilita o permite que el otro se queme.

La combustión es una reacción química en la que combinados combustible y comburente se genera calor y algunos subproductos. El combustible lo obtenemos en la estación de servicio, y el comburente (el oxígeno) se encuentra disponible en el aire.

Vamos por partes. Veamos que es un combustible. Combustible es la leña que se usa para el asado, o el papel con que se enciende esa leña o el carbón, o el querosén que agregamos cuando la leña o el carbón se niegan a colaborar con el asado. También es combustible el diluyente que se usa en la pintura sintética, la parafina de la vela o el pasto seco de su jardín. Sin embargo, a nadie se le ocurriría alimentar al auto con pasto seco, leña o parafina. Los combustibles que usamos en nuestros vehículos son exclusivamente derivados del petróleo o están asociados a el, por ejemplo el gas natural.

Todos los combustibles que aquí mencionamos tienen algo en común con el que cargamos en nuestros vehículos, ese factor común son dos elementos químicos, el carbono y el hidrógeno.

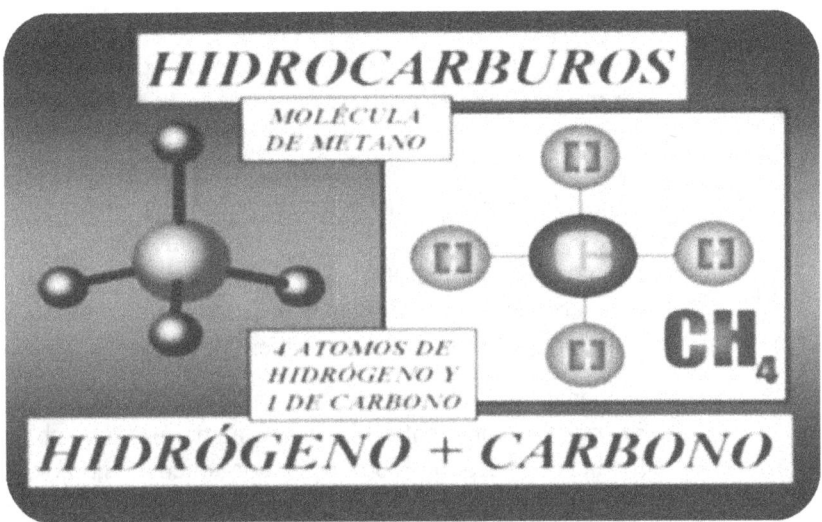

Existen dos grandes ramas de la química: *la química inorgánica y la orgánica*. La primera trata todos los elementos puros y los compuestos de origen mineral, mientras que la segunda se ocupa de los compuestos orgánicos, llamados originalmente orgánicos porque se los asociaba con distintas formas de vida, hoy día un plástico es un compuesto estudiado por la química orgánica y, sin embargo, no esta asociado a ninguna forma original de vida.

En realidad la química orgánica se ocupa de los compuestos que tienen como base al carbono y al hidrógeno, combinados de tal manera que forman complejas cadenas y estructuras moleculares muchas veces conteniendo también otros elementos, pero básicamente constituidos por carbono e hidrógeno, y aquí radica la clave de un combustible.

Cuando el carbono y el hidrógeno se mezclan con el oxígeno en presencia de alguna fuente de calor que inicie la reacción, se combinan químicamente generando un fuerte desprendimiento de calor, con *formación de anhídrido carbónico (CO2) y agua (H2O)*. En la realidad se forman varios compuestos más que oportunamente veremos, pero por ahora consideremos una combustión ideal o perfecta.

Como entenderemos, encender el carbón para el asado es en realidad mas complejo de lo que se suponía. El carbón de leña es básicamente madera, que sometida previamente a temperaturas moderadamente altas, destiló prácticamente todos los gases que contenía como madera, incluyendo la mayor parte de hidrógeno, lo que queda es casi todo carbono, o carbón como comúnmente se lo llama. El carbono tiene también otras formas que son el grafito (la mina de los lápices comunes) y el diamante, pero esta demostrado que quemar lápices y diamantes resulta sumamente exótico y costoso.

Sabemos que el hidrógeno es un elemento que en la naturaleza difícilmente se encuentra libre, casi siempre esta combinado, principalmente con carbono (compuestos orgánicos) y con oxígeno (agua). Es un gas sin color ni olor y tiene la propiedad de ser sumamente liviano, mas liviano que ningún otro gas, la prueba de ello son los globos inflados con hidrógeno, que aparentan desafiar la ley de gravedad y se quieren escapar hacia el cielo ante el asombro o la desesperación de los niños.

Nos queda finalmente por estudiar el oxígeno, que configura buena parte del aire que respiramos (21%) y es uno de los elementos mas abundantes y activos (que busca combinarse con otros elementos) en la naturaleza. En su forma normal no se percibe por el olfato, sin embargo, ante descargas eléctricas forma una molécula con un olor levemente picante muy especial que todos alguna vez percibimos y que se llama ozono. Al oxígeno le debemos ese maravilloso color celeste o azulado de nuestro cielo. El resto del aire lo configura principalmente el nitrógeno (78%) y una mezcla de otros gases (1%). De todos los gases componentes del aire, el oxígeno es el mas pesado, por lo que es el que mas tendencia tiene a estar cerca de la tierra.

Conviene recordar que el aire que respiramos es una delgada capa de gases que rodea nuestro planeta, que tiene su máxima densidad en la superficie a nivel del mar, y se hace más débil a medida que nos alejamos de esa superficie. Cuando ascendemos una montaña por ejemplo, no solamente aumenta la presión atmosférica, con lo cual el aire es más denso, sino que también disminuye el porcentaje de oxígeno presente en ese aire.

Si combinamos hidrógeno con oxígeno en las proporciones adecuadas y enciende esa mezcla, "tenga mucho cuidado porque si bien no tendrá una bomba de hidrógeno se puede llevar en el mejor de los casos un buen susto". Es una reacción química violenta acompañada de un importante desprendimiento de calor, que deja como residuo de la combustión agua, pura y exclusivamente agua.

En los motores que nos ocupan el agua generada por la combustión se manifiesta con las gotas que se observa en los caños de escape cuando los vehículos están fríos o también cuando hay baja temperatura ambiente en el vapor que también es visible en el escape.

Ahora si combinamos carbón con oxígeno, según la forma en que se lo haga puede preparase un asado, o demoler nuestra casa en el experimento, dependiendo de que forma el carbón combustione y como lo haga. *El resultado de la combustión será anhídrido carbónico (CO_2).*

Este es un gas (el CO_2) no activo que manejamos habitualmente, quizás sin conocerlo por su nombre: Lo eliminamos habitualmente en la respiración, o lo disfrutaremos en una gaseosa (es el gas que esta disuelto en el líquido y le da la sensación de frescura).

Resumiendo: el combustible genera calor en su combustión, que mediante una maquinaria adecuada se transforma en movimiento controlado y genera, además, productos desechables.

Si vamos a establecer analogías, eso de quemar un combustible y consumir aire para generar calor movimiento y subproductos desechables no es exclusividad de los automóviles, nosotros también lo hacemos: ingiriendo alimentos que se transforman en azúcares y respirando aire cuyo oxígeno pasa de los pulmones a los tejidos, donde sirve para oxidar ("quemar") los azucares y generar energía que se transforma en calor y movimiento.

Como desechos quedan subproductos que eliminamos, anhídrido carbónico y agua entre otros...

"Cuando UD. quiere disolver algo en un líquido sabe que cuanto mas pequeños sean los trozos que quiere disolver, mas fácil será la operación", de una manera similar cuando pretendemos quemar algún combustible, cuanto mas pequeñas sean las gotas o partículas de ese combustible mas fácil y eficiente será la combustión. En el caso de la disolución en un líquido al ser mas pequeñas las partes permiten un mejor contacto con el líquido, lo que acelera el proceso. De igual manera al tratarse de pequeñas gotas en el caso de un combustible líquido se facilita su contacto con el aire y su oxígeno optimizando el proceso de combustión. Un caso límite es el de la combustión del gas.

EN EL INSTANTE PREVIO A LA COMBUSTIÓN EL COMBUSTIBLE DEBE ESTAR TOTALMENTE VAPORIZADO, SE TRATE DE MOTORES DE ENCENDIDO POR CHISPA O DE MOTORES DIESEL.

Es de vital importancia recordar esto. Los motores mas eficientes requieren de la formación de mezclas de aire y combustible finamente emulsionadas (en rigor de verdad el combustible debería estar completamente vaporizado al iniciarse la combustión) y mezcladas en las proporciones exactas. Será función de los sistemas de carburación (que dentro de muy poco pasarán a ser piezas de museo) y de los de inyección dosificar y emulsionar correctamente esas mezclas.

Hasta ahora hemos hablado de combustibles, combustión, mezclas entre otros y no hemos dicho para que sirve esto de estar quemando algo dentro de un montón de fierros. *El asunto es básicamente así: cualquier gas en presencia de calor se dilata, y si está encerrado dentro de un recipiente ejerce presión sobre las paredes que lo encierran.* Cuando las temperaturas son suficientemente altas las presiones que se generan también lo serán.

Si mediante un mecanismo permito que una de las paredes del recipiente se pueda mover y aprovecho la fuerza que ejerce esa pared móvil, tengo todo lo necesario para generar movimiento.

Acercamos este concepto: la velocidad con que se queman los combustibles depende en gran parte de la relación en que están combinados. Una mezcla rica en combustible no va a reaccionar a la misma velocidad que una pobre. Esto tendrá vital importancia para entender como se maneja la economía de combustible y la máxima potencia de un motor, y que es esa historia del avance de encendido.

Como se inicia y progresa una combustión

La combustión en el caso de los motores de encendido por chispa es algo parecido a cuando tiramos una piedra en el borde de un estanque: veremos que a partir del punto donde cayó la piedra se forman ondas que se propagan en todas direcciones y tienen forma circular. El lugar donde cayó la piedra sería equivalente al lugar de la bujía. Eso si se mira en forma plana, en largo y ancho, pero en realidad en el espacio esas ondas adoptan una forma esférica (en el caso del agua de una media esfera ya que se propagan de la superficie hacia abajo), y son esferas que crecen teniendo por centro el lugar donde se inició el fenómeno, veremos la superficie del estanque pero hacia abajo también esa onda se propaga, en tres dimensiones, es decir en largo, en ancho y en altura, dicho de otra forma se propaga en todas direcciones y a la misma velocidad.

Si seguimos con el ejemplo del estanque al arrojar la piedra, siempre se genera una primera onda, que separa la parte de agua que sabe que cayó la piedra del agua que todavía no se enteró. En el caso de la combustión pasa algo similar, a medida que se quema la mezcla hay una superficie que se mueve expendiéndose, que separa la parte de mezcla que entró en combustión de la que todavía no se encendió, y a esta superficie se la denomina *frente de llama*.

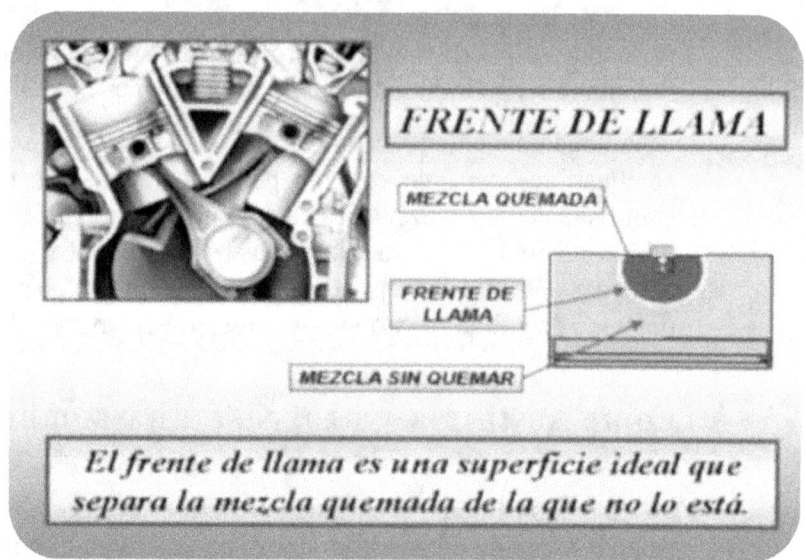

FRENTE DE LLAMA

MEZCLA QUEMADA

FRENTE DE LLAMA

MEZCLA SIN QUEMAR

El frente de llama es una superficie ideal que separa la mezcla quemada de la que no lo está.

De lo que haga ese frente de llama y como se mueva dependerá en gran parte el comportamiento de nuestro motor. Ya tenemos una idea de como se propaga esa llama, pero veremos que no lo hace siempre a la misma velocidad.

Es de gran importancia el siguiente concepto*: La velocidad con que se quema una mezcla de aire y nafta depende en gran parte de las proporciones en que están mezclados esos componentes.* No se quema a la misma velocidad una mezcla pobre (mezcla con poca proporción de nafta) que una mezcla rica (mezcla con nafta suficiente como para hacer máxima la velocidad de combustión). Las mezclas pobres tienen una velocidad de combustión relativamente lenta, y por el contrario las levemente ricas tienen la velocidad óptima para combustionarse.

La química establece que la proporción de nafta y aire necesarios *para una combustión perfecta es 14,6:1, o sea 14,6 partes en peso de aire queman perfectamente 1 parte en peso de nafta.*

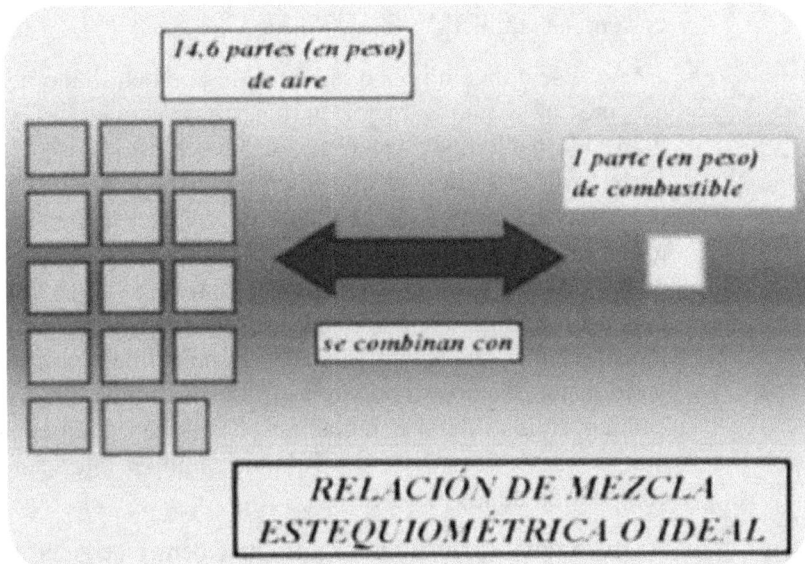

Pero en la realidad no sucede así ya que es prácticamente imposible que se pongan de acuerdo todas las moléculas de combustible con todas las de oxígeno para combinarse entre si, es decir que todas las moléculas de combustible encuentren en necesario oxígeno para quemarse, y que completada la reacción no sobre nada, ni combustible ni oxígeno. *El mantener esta relación de 14.6:1 es la base de los sistemas de inyección de combustible, ya que con dicha relación se obtienen residuos de combustión que pueden ser procesados en un catalizador mejor que con cualquier otra relación.*

"Si lo que pretendo es que mi motor me dé su máxima potencia en función de la riqueza de mezcla deberé enriquecer esta mezcla levemente por encima de lo que me indica la química (de 12,5:1 a 13:1)". Esto es debido a que el motor respira aire y si queremos generar la máxima potencia posible debemos aprovechar todo el aire que nuestro motor es capaz de aspirar, y suministrarle el combustible necesario para usar todo el oxígeno disponible en ese aire. Combustible le puedo dar todo el que se me antoje, pero con el aire la cosa no es tan fácil.

Aquí se aplica un poco la teoría de la ametralladora: si se quiere asegurar el blanco lo mejor es rociarlo de proyectiles, y con el aire pasa algo parecido, si queremos aprovechar todo el oxígeno disponible en la masa de aire que logramos introducir en el motor debemos usar moléculas de combustible en exceso para poder captar todo ese oxígeno. Justamente se utiliza un compresor o turbo compresor cuando se quiere aumentar la potencia ya que el mencionado aparato forzará a que entre mas aire dentro del motor y consecuentemente habrá que suministrar mas combustible para aprovechar ese incremento de la masa de aire aspirado. También influye en la velocidad y calidad de la combustión el volumen que ocupa la mezcla que se va a quemar, y es allí donde también interviene la famosa compresión de los motores.

Recordemos que el motor introduce dentro de su cilindro una determinada cantidad de mezcla y luego antes de quemarla la comprime, normalmente entre siete y diez veces (el número de veces es comprimida respecto de su volumen original define lo que se llama relación de compresión). Obviamente al comprimir la mezcla reducimos notablemente la distancia entre las partículas de combustible y las moléculas de oxígeno con lo cual la probabilidad de que se encuentren y reaccionen entre si aumentan. Progresará de esa forma mejor la combustión (aparte de otras razones que son explicadas por la termodinámica).

Al quemarse una determinada cantidad de combustible se genera una determinada cantidad de calor. El calor, al igual que el trabajo, es una forma de energía. Tal como ya lo dijimos la potencia mide cuanta energía se hizo presente en un determinado tiempo. Para que la potencia aumente yo debo manejar una cantidad mayor de energía en un determinado tiempo (quemo mayor cantidad de mezcla) o bien mantener la cantidad de energía y usarla en un tiempo mas corto (quemo la mezcla mas rápido), si la combustión se generó mas rápido, sin ninguna duda voy a tener mayor potencia disponible. *Además al quemarse más rápido el ciclo termodinámico del motor se parece mas al ciclo ideal que establecen las leyes de la termodinámica y en consecuencia mejora su rendimiento.*

Retengamos este concepto: a mayor velocidad de combustión corresponderán mayor potencia y eficiencia, se trate de una mezcla rica o pobre.

Como ya dijimos la velocidad con que se quema una mezcla de aire y combustible depende fuertemente de la relación de aire y combustible: las mezclas pobres se quemarán mas lentamente que las mas ricas, y consecuentemente podrán generar menos potencia que las ricas, pero atención, las mezclas demasiado ricas también se quemaran mas lentamente que las ricas. Eso de que poniéndole chiclés mas grandes al carburador hará por si solo que el motor tenga mas potencia es un soberano disparate. Hay limites de pobreza en la mezcla que generan dificultades de funcionamiento, no se puede empobrecer ilimitadamente la riqueza de combustible y pretender que el motor siga funcionando. Mezclas muy pobres tienen dificultades para iniciar la combustión y mantenerla satisfactoriamente, produciendo irregularidades en la marcha del motor.

La determinación de en que momento debe saltar la chispa de encendido, está directamente asociada a la riqueza de mezcla y a la velocidad de combustión. La forma de la cámara de combustión, la de la cabeza del pistón, la distancia entre el pistón y la tapa de cilindros, la ubicación de la bujía, la turbulencia con que entran los gases en el cilindro, etc., también influyen en la velocidad y calidad de la combustión.

Efectos ambientales

Uno de los efectos más importantes y, por desgracia, más comunes de la combustión es la contaminación del aire.

Esta contaminación consiste en la presencia en la atmósfera de una o varias sustancias en tales concentraciones que puedan originar riesgos, daños o molestias a las personas y al resto de seres vivos, perjuicios a los bienes o cambios de clima.

Polución

El resultado de la combustión es:

Nombre	Símbolo	Porcentaje
Nitrógeno	N_2	71 %
Vapor de agua	H_2O	9 %
Anhídrido carbónico	CO_2	18 %
Oxígeno y otros	O_2	1 %
Contaminantes		1 %
	NOx	0,08 %
	HC	0,05 %
	CO	0,85 %
	Partículas sólidas	0,02 %

Como vemos hay un 1% de gases contaminantes pero este porcentaje es suficiente para crear trastornos en la atmósfera sobre todo de las grandes ciudades, que se suma a la contaminación de las industrias, centrales energéticas y la propia de las ciudades, por las calefacciones, etc.

Se calcula que los automóviles producen una sexta parte de la contaminación por óxidos de nitrógeno.

Gases de escape y contaminantes en el automóvil

En los vehículos a motor la contaminación se produce por tres focos:

- Gases de escape,
- vapores del combustible
- y Gases de cárter

Gases de escape

Es el principal elemento de contaminación.

En el motor se produce una combustión que si fuese ideal produciría H_2O vapor, CO_2 y N_2, ninguno de los cuales es contaminante, pero en la realidad como las combustiones son incompletas se produce en los gases de escape, gases muy contaminantes como el monóxido de carbono CO, óxidos de nitrógeno NOx, hidrocarburos HC Pb. El contenido perjudicial asciende aproximadamente al 1% de los gases de escape:

Monóxido de carbono (CO_2)

Es incoloro inodoro e insípido y por ello muy peligroso. Reduce la capacidad de absorción de oxígeno por la sangre al ocupar el espacio de este en la hemoglobina, disminuyendo por ello el contenido del oxígeno en la sangre. Un porcentaje de tan solo un 0,3% de CO en el aire es suficiente para ocasionar la muerte en 30 minutos. Es un gas *venenoso*.

Se forma cuando se va a formar CO_2 pero el carbono no encuentra la suficiente cantidad de oxígeno.

El CO se difunde rápidamente y al contacto con el oxígeno del aire se transforma en CO_2. Por todo ello la necesidad de tener bien ventilados los recintos donde se tenga un motor en marcha.

Como es lógico su proporción aumenta en las mezclas ricas y disminuye en las pobres, por lo que se usa como indicador en la preparación de la mezcla.

Para evitar la formación de CO basta con mejorar el proceso de combustión.

Los motores disponen de distintos dispositivos que permiten regular el CO manualmente, o bien es el calculador el que se encarga de su control.

Óxidos de Nitrógeno (NO)

El NO es incoloro, inodoro e insípido y aunque es inerte (no se mezcla con otros) en las condiciones de altas temperaturas (en la combustión) en presencia del oxígeno del aire reacciona rápidamente con este dando bióxido de nitrógeno NO_2 de color marrón rojo y olor picante que provoca gran irritación de los órganos respiratorios.

En concentraciones altas, el bióxido de nitrógeno es también *nocivo* para la salud, pues destruye el tejido pulmonar. El NO y el NO_2 suelen denominarse conjuntamente con la expresión de óxidos de nitrógeno NOx.

Estos compuestos vertidos a la atmósfera, humedad y rayos solares forman ácido sulfúrico que forma la llamada lluvia ácida, que esta compuesta en un 30% de NOx y en un 60% de óxidos de azufre SO_2.

Hidrocarburos HC

Aparecen en los gases de escape de forma muy diversa según las diversas reacciones que se produzcan produciendo gran variedad de compuestos orgánicos, acetileno, etileno, ácidos carbónicos, cetonas, aromáticos, etc. En presencia de óxido de nitrógeno y la luz solar forman oxidantes que provocan irritación de las mucosas.

Una parte de los hidrocarburos ha sido catalogada como nociva para la salud, algunos son cancerígenos.

Provienen del combustible que no se han quemado, es decir que han quedado parcialmente oxidados. Y se producen por la falta de oxígeno durante la combustión (mezcla rica), o por que la velocidad de inflamación sea muy baja (mezcla pobre). Como se ve es por tanto conveniente un adecuado ajuste de la riqueza.

Si la mezcla es rica hay exceso de CO y de HC pero mejora las emisiones de NOx.

Si la mezcla es pobre se mejoran los valores de CO y HC pero empeoran los de NOx.

Otros Productos (Plomo)

El plomo (tetraetileno de plomo) se usa en las gasolinas como antidetonante, como no interviene en la combustión es expulsado con los gases de escape. El plomo es venenoso para el cuerpo humano ya que ataca al sistema nervioso.

Actualmente se utilizan gasolinas sin plomo que utilizan otros elementos no contaminantes como antidetonante.

Dióxido de azufre SO_2

Causado por las impurezas del combustible y provoca la niebla contaminante y la lluvia ácida (aunque solo un 2% de la contaminación por SO_2 es achacable a los automóviles)

Aunque el CO_2 no es venenoso para la salud se le considera el principal causante del efecto invernadero. Pero para reducir su emisión deberíamos recurrir a otros combustibles.

Partículas Sólidas

Proceden de la combustión incompleta, sobre todo en los motores Diesel y son partículas de cenizas y hollín.

Vapores de Combustible

Una de las principales propiedades de los combustibles de automoción es su facilidad para evaporarse (volatilidad), que aumenta al aumentar la temperatura. Esta volatilidad es aprovechada para realizar la mezcla.

Pero los vapores que son vertidos a la atmósfera, por ejemplo los procedentes del depósito, son nocivos.

Debemos pues, evitar la salida al exterior de estos gases que, por otra parte, pueden ser reutilizados para la formación de la mezcla. (Ver cánister en medidas para evitar la contaminación).

Gases del carter

Como durante el funcionamiento del *motor existen fugas de los gases comprimidos,* estos pasan al cárter, y si estos quedasen allí, al enfriarse se condensaría y bajaría por las paredes hasta el aceite del fondo del cárter, mezclándose con el degradándolo, además el agua de estos vapores pasaría al fondo con lo que sería aspirada al arrancar (que es cuando mejor lubricación necesitamos).

Se hace necesario por tanto ventilar esos gases, pero una ventilación que expulse esos gases al exterior no está permitida por lo nocivo de los mismos, por ello disponemos de un circuito cerrado que envía esos gases a la admisión.

Este sistema es sencillo y se basa en la aspiración creada por la depresión en la admisión para absorber los gases y así reciclarlos.

Analisis de los gases de escape de los motores de combustion interna

A continuación se explica los fundamentos básicos del análisis de gases de escape de un motor de combustión interna.

Del resultado del proceso de combustión del motor se obtienen diversos gases y productos, entre ellos los mas importantes son el CO (monóxido de carbono), el CO_2 (dióxido de carbono), el O_2 (Oxigeno), Hidrocarburos no quemados (HC), Nitrógeno, Agua y bajo ciertas condiciones Nox (óxidos de Nitrógeno).

Un correcto análisis de las proporciones de los gases puede dar lugar a diagnósticos muy importantes del funcionamiento del motor.

El analizador de gases de escape analiza la química de estos gases y nos dice en que proporciones se encuentran los mismos.

Todos estos productos se obtienen a partir del aire y del combustible que ingresa al motor, el aire tiene un 80 % de Nitrógeno y un 20 % de Oxigeno (aproximadamente).

Podemos entonces escribir lo siguiente:

$$\begin{matrix} Aire \\ + \\ Combustible \end{matrix} \longrightarrow \begin{matrix} CO + CO_2 + O_2 + \\ + HC + H_2O + N_2 + Nox \\ (bajo\ carga) \end{matrix}$$

Una combustión completa, donde el combustible y el oxigeno se queman por completo solo produce CO_2 (dióxido de carbono) y H_2O (agua).

Este proceso de una combustión completa y a fondo muy pocas veces se lleva a cabo y entonces surge el CO (monóxido de carbono) y consiguientemente aparece O_2 (Oxigeno) y HC (Hidrocarburos), tengamos en cuenta que la aparición de los mismos es porque al no completarse la combustión "siempre queda algo sin quemar."

Los valores normales que se obtienen a partir de la lectura de un analizador de gases conectado a un motor de un vehiculo de Inyección Electrónica son los siguientes:

$$CO < 2\% \; O_2 < 2\%$$

$$CO_2 > 12\% \; HC < 400 \; ppm.$$

El nitrógeno normalmente así como entra en el motor sale del mismo y en la medida que el motor no este bajo una carga importante no forma Óxidos de Nitrógeno.

Capítulo 5

SISTEMAS DE ESCAPE

En este capítulo se verán los diseños apropiados y correctos de un sistema de escape moderno para combatir la contaminación atmosférica y sonórica, además de hacer hincapié en su correcto funcionamiento en conjunto con los diversos sensores existentes.

Desde ya dándole las gracias al Ing. Alberto Garibaldi del *GARAGE TV*. por colaborar con este capítulo, dándonos a conocer un pantallaso general del funcionamiento del mismo y resaltando sus componentes principales.

Sistema de Escape

Habitualmente vemos los vehículos desde arriba y podemos apreciar su parte estética, y si levantamos el capot podemos ver el motor y algunos otros elementos... ¿pero que oculta la parte de abajo? Nunca nadie muestra como son los autos de abajo. Vamos a hacer el intento.

Comencemos por una pieza que mucha gente quiere cambiar, porque cree que haciéndolo ganará una enorme cantidad de caballos de fuerza...: *El escape*. Existe la cultura del escape deportivo, por la cual muchos piensan que si lo ponen va a transformar su vehículo en un imbatible F1. Pensar en eso es hoy en día un disparate total y absoluto, más allá del daño ambiental que el cambio genera.

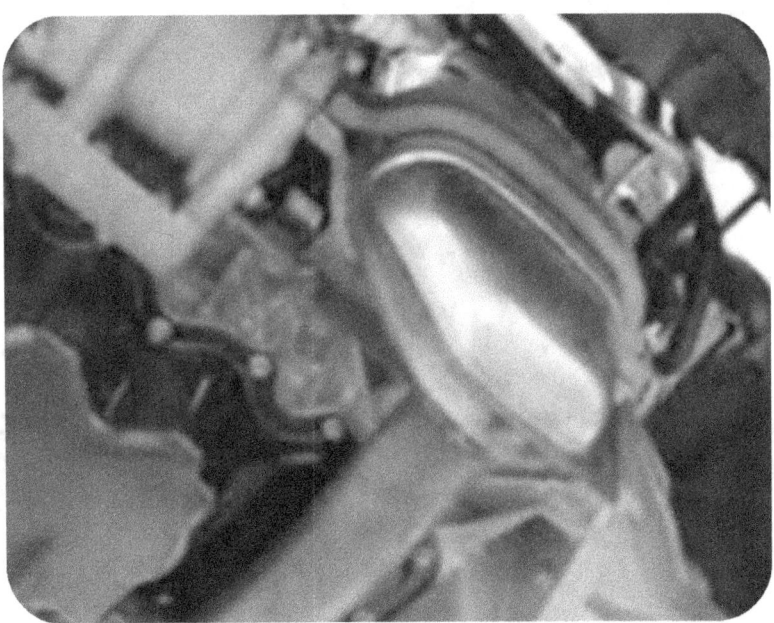

Veamos desde abajo la parte delantera de un Focus: ésta es la primera pieza que se encuentra en un escape y se llama **"cataliza-dor"**, que jamás, le reitero, jamás y bajo ningún concepto deje que se lo eliminen. A lo sumo si tuvo alguna complicación deje que se lo remplacen, pero nunca que se lo eliminen. Que un catalizador se degrade rápidamente es difícil porque, salvo algún golpe, y si se usa el combustible y nivel de aceite adecuado su duración está en el orden de los 80.000 a 100.000 Km, a veces más

El catalizador se ocupa de transformar los gases del motor que tienen componentes tóxicos en gases que son compatibles con la naturaleza y con la vida.

Lamentablemente, y en buena parte debido a los estragos que causan los combustibles adulterados, existe una psicosis de que esta pieza hay que sacarla porque se "tapan" y porque aún estando en buenas condiciones si se lo sacan el auto anda más rápido; eso es un disparate. El único beneficiado es el que le hace la operación de sacarlo y le cobra por ello. No deje que se lo quiten.

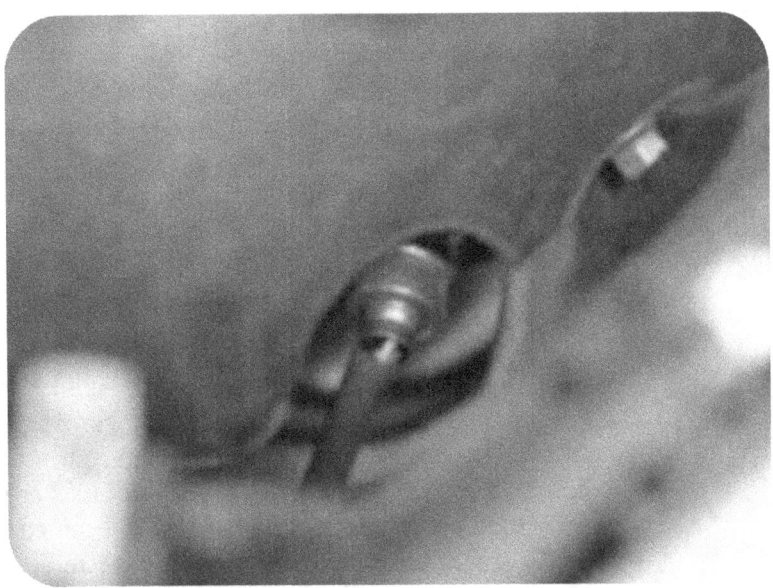

Éste componente que está ubicado aguas arriba del catalizador es lo que se conoce como **"Sonda Lambda"**.

¿Qué es la famosa **Sonda Lambda**? Es una suerte de enanito que analiza los gases de escape a la salida del motor y le informa a la computadora como están compuestos. Sobre la base de esa composición de gases, la computadora toma decisiones y ajusta la cantidad de combustible inyectado, tratando de que se mantengan en la proporción óptima (14,6 a 1), ya que esa es la proporción de aire y combustible que permite al catalizador eliminar la mayor cantidad de componentes tóxicos.

A ver si nos entendemos: Hay una computadora dentro de este auto, que tiene un sensor que está midiendo los gases de escape y está ajustando permanentemente la composición de la mezcla para que esos gases tengan una determinada composición que les permita ser procesados por el catalizador.¿No le parece realmente que es una estupidez total eliminarlo?

Sin embargo mucha gente por ignorancia, o por estupidez, decide eliminarlo. Deje el escape como lo diseño su fabricante, que seguramente sabe mucho del tema. No acepte tampoco los conocidos como "escapes deportivos", al menos que usted vaya a hacer un auto de carrera, y en ese caso, necesariamente va a tener que ponerlos para usarlo en la pista de carreras, y no el la calle. Pero si es un coche de calle, no lo acepte, porque cuando usted lo pone, altera toda la configuración del sistema de escape.¡No toque el caño de escape! La gente de fábrica sabe muy bien lo que hace.

El tubo de escape sigue, tiene una serie de subidas y bajadas para poder esquivar de alguna manera todos los componentes; éste es, como hemos explicado en otro tema, un vehículo **monocasco**; hay protecciones térmicas, chapas que están colocadas acá, para proteger, en este caso por ejemplo, la caja de dirección, del calor que irradia el escape. Dentro del motor hay chapas también para eso

*P*or este túnel en el piso del vehículo, puede pasar un componente conocido como **"Cardan"** que, en los vehículos con tracción trasera trae desde el motor y la caja de velocidades, la tracción para el tren trasero. Este que estamos viendo es un vehículo de tracción delantera. Sin embargo, este túnel sigue existiendo ¿Para que? Independientemente de que la gente de Ford esté pensando en una versión de Focus con tracción en las cuatro ruedas al estilo de la usada en Rally, aquí ha sido muy bien aprovechado el citado "túnel" para pasar el tubo de escape y poder ganar en despeje con respecto del piso.

*S*igue el tubo de escape, y llegamos a esto que normalmente se le dice **"el primer silenciador"**. Esto no es en realidad un silenciador sino un **"resonador"**. Si usted me preguntará cual es la diferencia entre uno y otro le diría que un sistema de escape se comporta en muchos aspectos como un instrumento musical. El resonador es el que controla las ondas de presión que van y vienen dentro del tubo de escape permitiendo que tengan las características óptimas para el funcionamiento de ese motor.

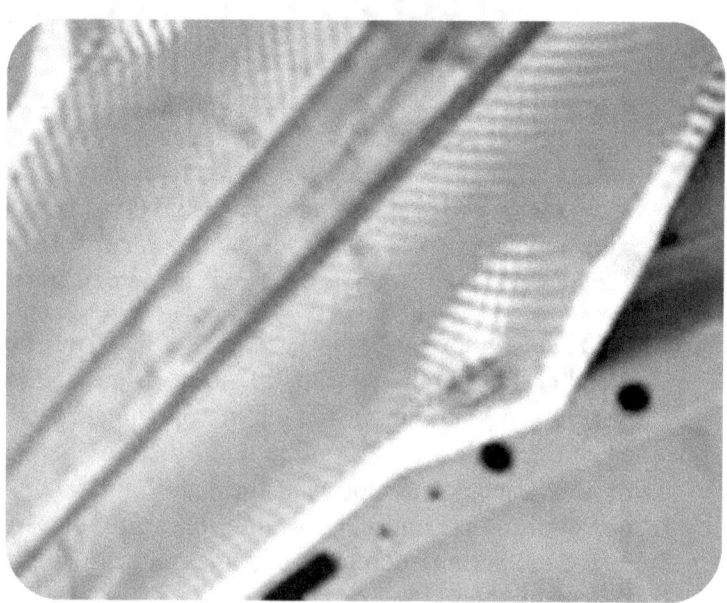

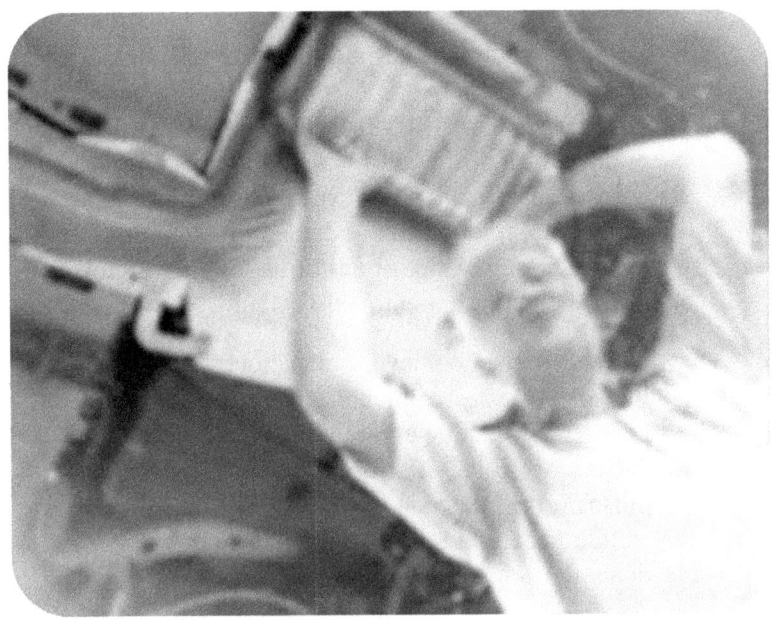

*S*i yo cambiara de posición este resonador, estaría alterando la sintonía del sistema de escape. El sistema de escape está sintonizado, créame, como un instrumento musical. El resonador no puede estar en otra posición, trabaja como una **cámara de expansión**: los gases llegan a allí y se expanden violentamente, por lo cual interrumpen y reflejan las ondas que llegan hasta él. El resonador no puede ser cambiado, ni en forma, ni en posición, porque usted alteraría el comportamiento del vehículo.

*M*ás atrás, de nuevo, protecciones térmicas, sigue la curvatura, y llegamos a este recipiente que es el **"silenciador"**. Éste es el que realmente hace que el motor se calle la boca. ¿Cómo es esto?: El gas del motor no sale en forma de soplido continuo, sale en forma de pulsos, que tratan de expandirse a velocidades superiores a la del sonido generando el característico ruido de un *"escape libre"* típico de un motor de competición.

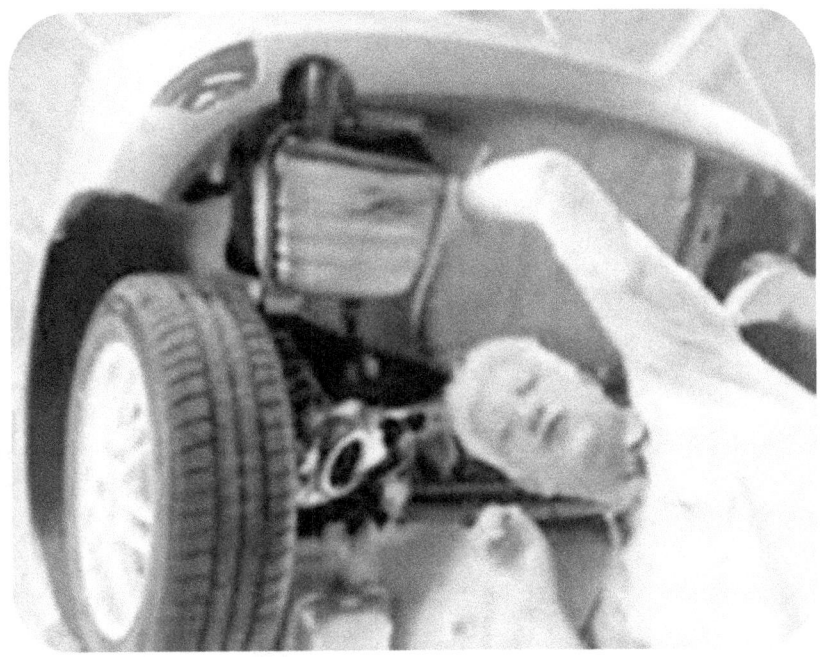

*E*l ruido que genera un motor sin escape no es el ruido de las explosiones como mucha gente cree, sino es el ruido de una onda de choques: un gas que viene a una velocidad mayor de los 330 metros/seg., encuentra la atmósfera, se expande y genera ese estampido. Bueno, ¿cómo lo silenciamos? A través de esta cámara expansora, le bajamos la velocidad y a través de este silenciador le ofrecemos un laberinto, para bajarle de nuevo la velocidad y que en lugar de propagarse en forma de ruidosos pulsos, se transforme en un soplido, ¿a qué velocidad? Velocidad inferior a la del sonido, bastante inferior, y se transforma en un simple soplido que no molesta a nadie. ¿Vio que no era tan complicado esto?

*T*odos tenemos el concepto de que el sistema de escape es una suerte de "cloaca mecánica" donde van los gases de desecho del motor y que se arreglen. No es así, Hoy en día es una pieza que requiere un diseño muy estudiado y a la que no es conveniente hacer ninguna modificación ni cambiarlo. **Respete el diseño original.**

Ing. Alberto Garibaldi

Medidas para evitar la contaminación

Puesto que la contaminación que produce el motor es causada por la combustión se trabaja para mejorar esta a través de sus dos factores principales que son la mejora del encendido y de la alimentación. Además se busca un mayor ahorro de combustible y un diseño optimo de todos lo elementos para aprovechar al máximo todas sus posibilidades. Por ejemplo en la forma de la cámara, los cilindros, conductos de admisión variable, caldeo de colectores, distribución variable, etc. etc.

Todos ellos encaminados a producir el menor número posible de sustancias contaminantes.

La cantidad de contaminantes en los gases de escape depende de varios factores, en especial de la *combustión*. Lo ideal sería que el combustible se quemara totalmente, y de esta forma obtendríamos una cantidad de contaminantes mínimos

Que el combustible no se queme totalmente puede producirse tanto por una mezcla pobre como por una mezcla rica, y origina una gran cantidad de productos contaminantes.

La temperatura a la que se realiza la combustión, presión, mezcla turbulencia, forma de la cámara de combustión.

Pero cuando estas sustancias contaminantes se producen se hace necesario tratarlas para eliminarlas en la medida en que esto sea posible.

Para eliminar los elementos nocivos de los gases de escape existen varios sistemas:

Capítulo 6

El CATALIZADOR

¿Qué es el convertidor catalítico? ¿Cómo funciona?

En la actualidad existen millones de vehículos de gasolina circulando por el mundo y cada uno de ellos es una fuente de contaminación. En ciudades grandes, la contaminación de estos vehículos puede ocasionar problemas graves.

Para solucionar este problema los gobiernos de algunos países incluyendo Argentina, han establecido leyes que limitan la cantidad de contaminantes que un vehículo puede generar, lo que obligó a la industria automotriz a buscar medios para hacer más eficientes y menos contaminantes sus motores. Sin embargo, por más eficiente que sea un vehículo de gasolina siempre genera una cantidad de contaminantes, esto es precisamente lo que motivó al uso del convertidor catalítico ya que *es un sistema que trata los gases de escape el motor antes de dejarlos libres en la atmósfera.*

Que son los Convertidores catalíticos

Es *un dispositivo* que forma parte *del sistema de control de emisiones* del vehículo, ayuda a disminuir casi a cero los elementos nocivos de los gases de escape de un vehículo.

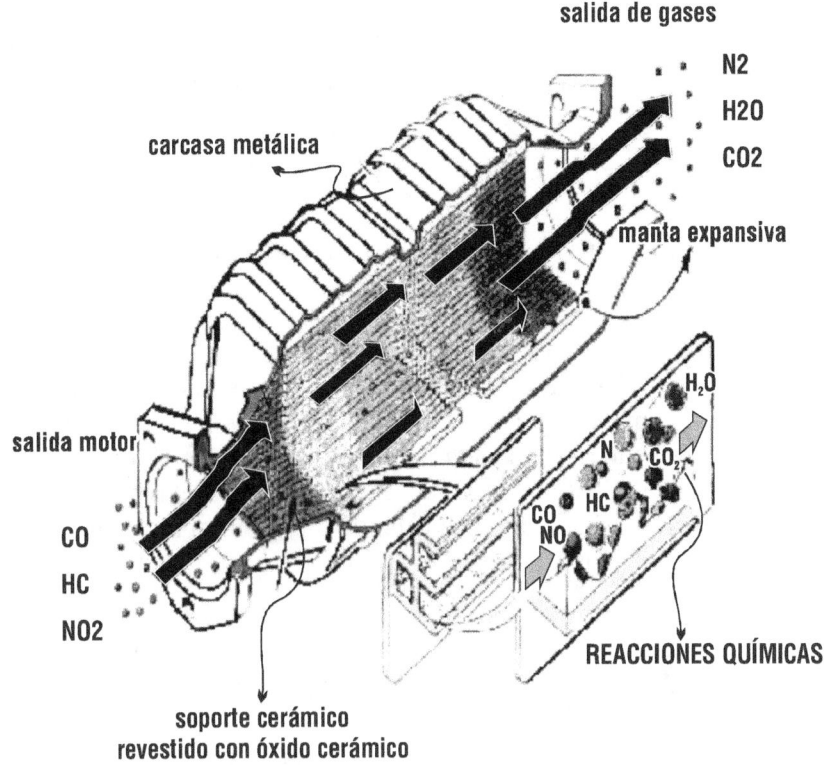

salida de gases

N2
H2O
CO2

carcasa metálica

manta expansiva

H₂O

N   CO₂

salida motor

CO   HC
NO

CO
HC
NO2

REACCIONES QUÍMICAS

soporte cerámico
revestido con óxido cerámico

CORTE DE UN CONVERTIDOR CATALÍTICO

Consta de *un panal (preferentemente de cerámica)* con incrustaciones de partículas de metales preciosos (platino, paladio y rodio), las emisiones contaminantes reaccionan con los metales preciosos y el calor, transformándose a sí mismos en agua, bióxido de carbono y otros compuestos inofensivos. El catalizador requiere de calor de combustión (aprox. 260°C) para activarse o "desactivarse" y a través de las reacciones químicas que se producen en su interior añade calor al sistema de escape.

Aquí tenemos una vista en corte de un Convertidor Catalítico convencional:

- El volumen del catalizador depende de la cilindrada
- La máxima eficacia se produce entre los 400 y 800 C°
- Es obligatorio el uso de gasolina sin plomo en los vehículos con catalizador.

¿Cómo reduce los contaminantes un convertidor catalítico?

Con este sistema se actúa sobre los gases de escape para tratar de completar el proceso de combustión que no ha dado tiempo de completar en la cámara de combustión y que gracias a este sistema se completa la oxidación en el sistema de escape con gran rapidez. Además el producto catalítico no se mezcla con los gases de escape por lo que permanece inalterado.

Los vehículos modernos están equipados con convertidores catalíticos de tres vías haciendo referencia a los tres contaminantes que debe reducir (CO, HC y NOX). *El convertidor utiliza dos tipos de catalizadores, uno de reducción y otro de oxidación.* Ambos consisten de una estructura cerámica cubierta con metal normalmente platino, rodio y paladio. La idea es crear una estructura que exponga al máximo la superficie del catalizador contra el flujo de gases de escape, minimizando también la cantidad de catalizador requerido ya que es muy costoso.

El convertidor calíco funciona mediante dos funciones que son:

A) Catalizador de reducción

El catalizador de reducción es la primera etapa del convertidor catalítico. Utiliza platino y rodio para disminuir las emisiones de NOx (Oxido de nitrógeno).

Cuando una molécula de monóxido o dióxido de nitrógeno entra en contacto con el catalizador, éste atrapa el átomo de nitrógeno y libera el oxígeno, posteriormente el átomo de nitrógeno se une con otro átomo de nitrógeno y se libera. Es decir, descompone los óxidos de nitrógeno en oxígeno y nitrógeno que son los componentes del aire y por lo tanto no son contaminantes.

B) Catalizador de oxidación

El catalizador de oxidación es la segunda etapa del convertidor catalítico. Este catalizador de platino y paladio toma los hidrocarburos (HC) y monóxido de carbono (CO) que salen del motor y los hace reaccionar con el oxígeno que también viene del motor generando dióxido de carbono (CO_2).

Clasificación de un Convertidor Catalítico según cantidad de vías

Los convertidores catalíticos (catalizadores) pueden ser de dos vías o de tres vías según el número de compuestos que puedan transformar.

Los de *dos vías (oxidación)* actúan sobre el CO y HC oxidándolos, pero no sobre el NOx porque este necesita un proceso de reducción.

Los de *tres vías (óxido-reducción)* además actúan sobre el NOx (Óxidos de Nitrógeno), incorporando el elemento catalítico rodio, para eliminar los NOx, pueden ser con toma de aire (bucle abierto) o con sonda lambda λ, (bucle cerrado). Estos últimos utilizan la sonda lambda para el control de la mezcla $\lambda=1 \Rightarrow 14$ gr. de aire por 1 gr. de gasolina, si $\lambda<1$ es mezcla rica, y si $\lambda>1$ entonces es mezcla rica, es este caso necesitamos un sistema electrónico de gestión de la mezcla (inyecciones electrónicas).

El volumen del convertidor catalítico equivale más o menos a la cilindrada del motor.

El plomo de la gasolina reacciona con los productos catalizadores recubriéndolos, y por esto es absolutamente imprescindible que se use gasolina sin plomo.

Catalizadores: un elemento insustituible

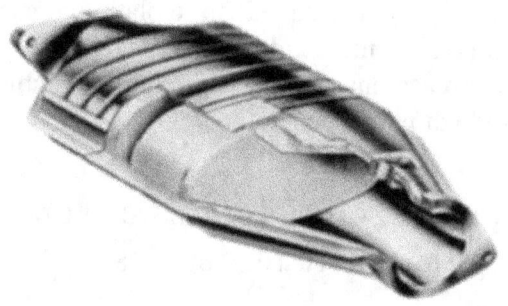

Las *normas europeas anti-contaminación*, tanto ruidosas como de elementos polucionantes, *han convertido al sistema de escape en uno de los elementos estrella del automóvil.* Dentro del sistema de escape, *el catalizador ocupa la punta de la pirámide*, debido *a su mayor complejidad y precio.* Sin embargo, es un elemento bastante desconocido por el usuario, cuyo mantenimiento implica otros órganos del vehículo, que requiere de una serie de operaciones esenciales para su correcto funcionamiento; operaciones que pueden suponer una oportunidad de negocio para talleres y servicios de neumáticos.

Desde hace unos cuantos años, el catalizador se ha convertido en una pieza indispensable en el vehículo. Actualmente, la desaparición de la gasolina con plomo y la creciente incorporación de motores diesel con inyección regulada electrónicamente, que también requieren del concurso de este componente, han convertido al catalizador en un elemento obligatorio en cualquier automóvil.

Igualmente, las cada vez más restrictivas y exigentes normativas europeas sobre ruidos y emisiones polucionantes obligan a los automovilistas a no perder de vista sus sistemas de escape, lo que genera un tráfico intenso hacia los talleres y una oportunidad de negocio para los mismos.

Sin embargo, el catalizador es un elemento bastante desconocido por parte del usuario, que no llega a comprender la fragilidad del mismo y la necesidad de un correcto mantenimiento que dilate en el tiempo su sustitución, en general bastante onerosa.

Partes de un catalizador

Exteriormente, el catalizador *es un recipiente de acero inoxidable*, frecuentemente provisto de una carcasa-pantalla metálica antitérmica, que protege los bajos de las altas temperaturas alcanzadas.

Componentes principales de la cámara del CA-
TALIZADOR

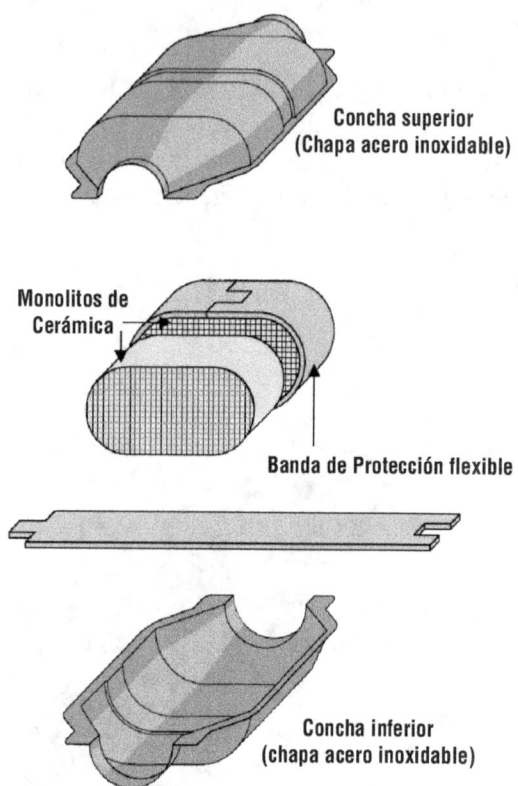

Concha superior
(Chapa acero inoxidable)

Monolitos de
Cerámica

Banda de Protección flexible

Concha inferior
(chapa acero inoxidable)

En su interior, contiene un soporte cerámico o monolito, de forma oval o cilíndrica, con una estructura de múltiples celdillas en
forma de panal, con una densidad aproximada de unas 450 celdillas
por pulgada cuadrada.

La superficie de este monolito se encuentra impregnada con una
resina que contiene elementos nobles metálicos, tales como *Platino
(Pt) y Paladio (Pd),* que permiten la función de oxidación, *más Rodio (Rh),* que interviene en la reducción. Estos metales actúan como
catalizadores, es decir, transforman los gases de escape.

Constitución del CATALIZADOR tipo cerámico

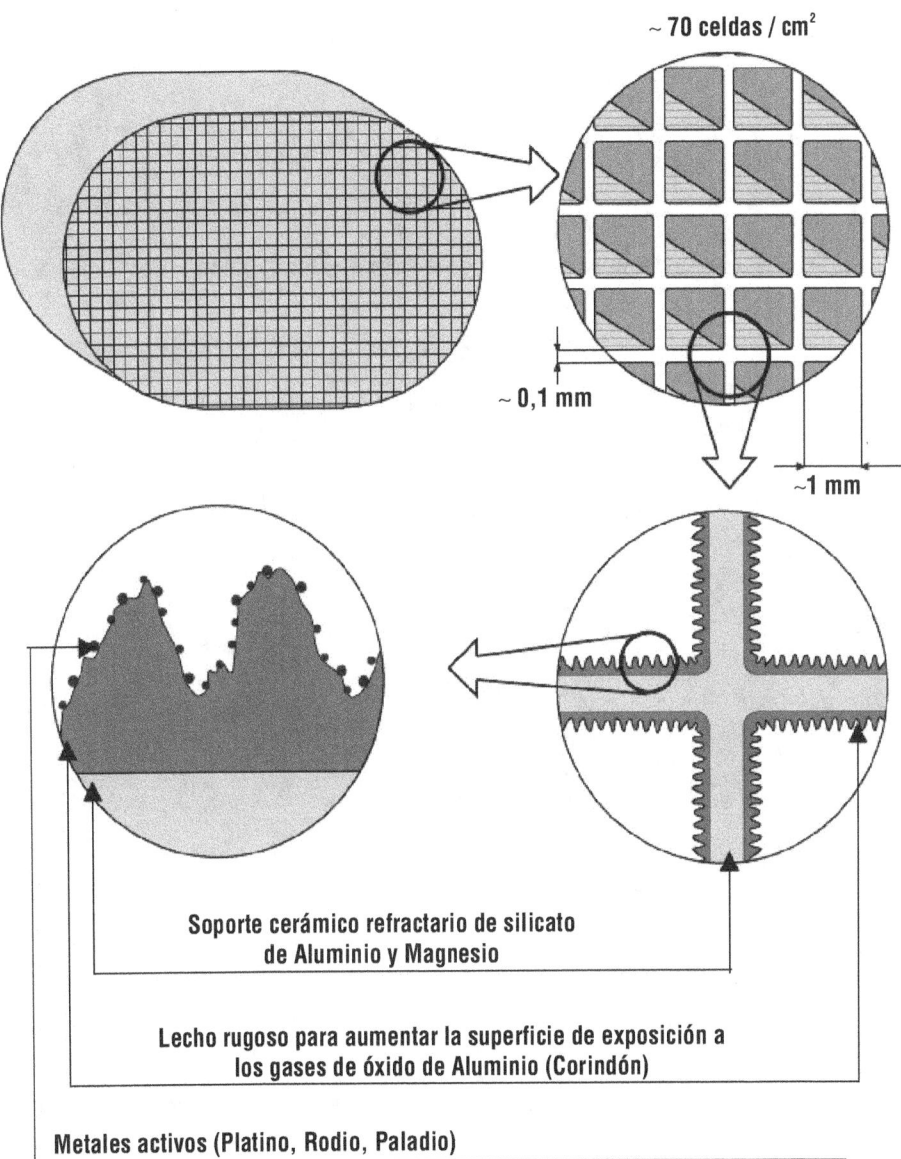

$\sim$ 70 celdas / cm^2

$\sim$ 0,1 mm

$\sim$1 mm

Soporte cerámico refractario de silicato
de Aluminio y Magnesio

Lecho rugoso para aumentar la superficie de exposición a
los gases de óxido de Aluminio (Corindón)

Metales activos (Platino, Rodio, Paladio)

Sección útil de paso de gases 70 % sección total
Temparatura de reblandecimiento $\sim$ 1000° C

En el siguiente cuadro generalizamos

Combustible = Gasolina formada por Hidrocarburos (HC)

Comburente = Oxígeno (O_2)

El O_2 procede del aire atmosférico (en Volúmen 21% de O_2 y 79% de N_2)

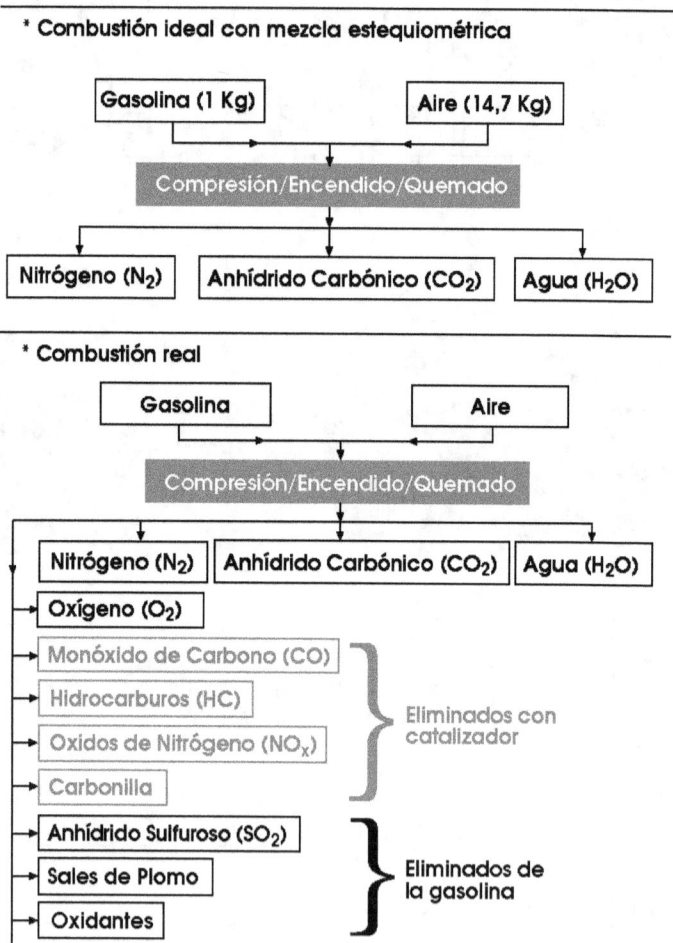

Para entender el proceso químicos más de cerca vemos el siguiente diagrama:

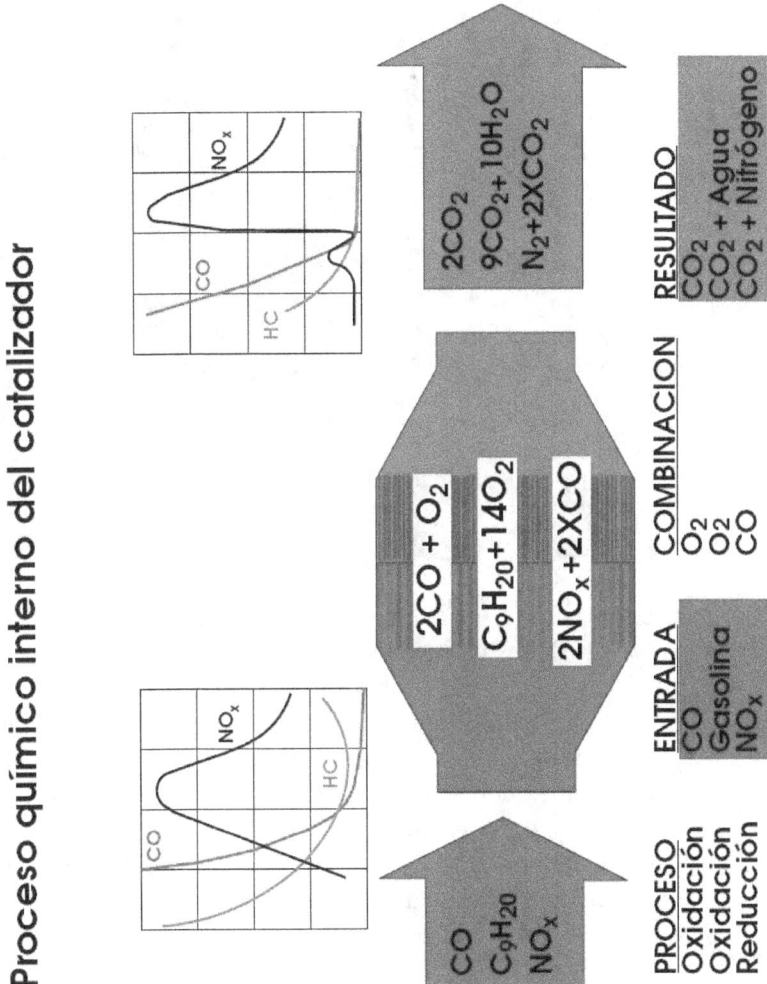

Catalizador en mal estado / Mantenimiento

En ocasiones, el conductor o propietario de un vehículo no es consciente de los problemas que puede acarrear un escape o un catalizador en mal estado. Por consiguiente se tratará de plasmar estos posibles inconvenientes con el fin de prevenirlos o identificarlos. Desde el punto de vista de la seguridad de los ocupantes del vehículo, un escape suelto puede caer, provocando un efecto de palanca, que catapultaría el coche hacia arriba. También engendra un riesgo de accidentabilidad ya que la línea completa de escape cuelga debajo del vehículo. Una rotura en una brida, en un soporte, en las gomas de las que cuelga, provocaría la pérdida de las partes del mismo en carretera.

No llevar escapes en buen estado también puede ocasionar daños en el vehículo. Si los tubos están partidos o doblados pueden acercar las zonas calientes a los bajos del vehículo, provocando incendios en el paragolpes y en las protecciones inferiores de plástico o resina.

El conductor notará igualmente una falta de potencia debida a que el interior de un silencioso deteriorado puede taponar la salida de los gases de escape así como ruidos molestos provocados por vibraciones debido a los soportes dañados (gomas, tornillos, muelles, abrazaderas, etc.). A todas estas molestias, hay que añadir otras como el rechazo en la ITV, multas por exceso de ruido.

Asimismo, *circular con un catalizador en malas condiciones puede ocasionar una serie de peligros y trastornos que a la larga resultan muy perjudiciales para el usuario del vehículo*. Así pues, el conductor se enfrenta a posibles peligros de incendio. Las roturas de tubos en la bajada del colector y antes del cuerpo del catalizador suelen provocar salidas de llamas, llegando a incendiar cualquier elemento inflamable bajo el vehículo como hierba, bolsas de plástico, fibra del propio coche, etc.

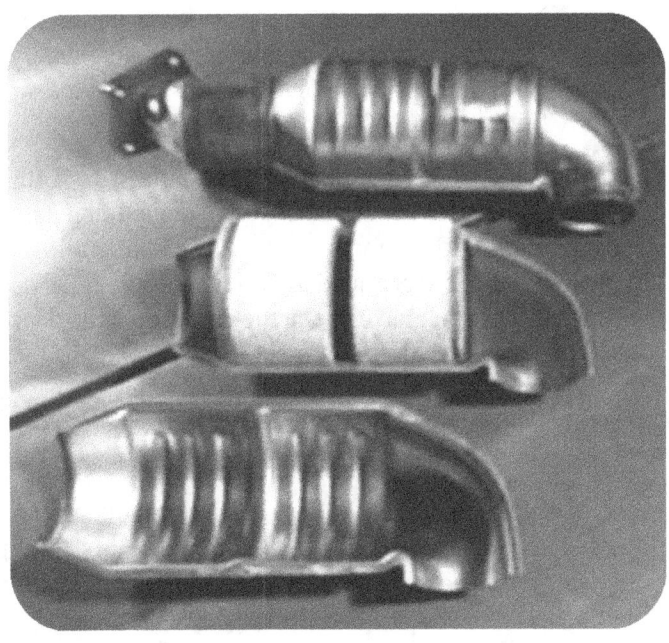

Desde el punto de vista del medioambiente, un catalizador en mal estado propicia la contaminación al no depurar los gases tóxicos y pudiendo provocar asfixias e intoxicaciones en lugares cerrados como garajes o talleres.

No solamente existe un riesgo de dañar el vehículo, porque al estar taponado la salida de gases, aumenta la presión en el escape, llegando a provocar escapes reventados y daños en el motor, sino que también acorta la vida de los escapes por no depurar los humos tóxicos que incrementan el nivel de ácido (sulfúrico, nítrico, etc.), ocasionando la corrosión prematura del escape.

En cuanto a los Catalizadores, una de las causas más frecuentes de avería, y una de las más graves, reside en los fallos de puesta a punto del motor y del encendido, provocados por una falta de mantenimiento. Los fallos en el encendido o una inadecuada regulación de la mezcla de admisión pueden provocar que llegue combustible sin quemar al catalizador, en una época en la que el precio de los combustibles registra históricos cada mes, un aumento del consumo puede repercutir directamente en la economía mensual del usuario, pues parte del combustible sin quemar se pierde por el escape debido a la falta de presión de salida. Se pueden alcanzar incrementos de 1 o 2 litros cada 100 Km.

Solucionar esta situación es posible si se realiza una conducción cuidadosa con el catalizador y se siguen algunas medidas preventivas. Para ello es importante evitar subirse a los bordillos ya que el catalizador puede quedar dañado por fuertes golpes. Además, es preferible calentar el vehículo antes de salir de viaje, manteniendo durante un par de minutos el coche al ralentí. De esta forma, se alcanzará antes la temperatura de trabajo. En el caso de sustituir el catalizador, se recomienda cambiar también la sonda lambda, lo que permitirá alargar la vida de éste.

Si, por otro lado, el catalizador ya comienza a dar señas de mal funcionamiento, las medidas a tomar dependerán de los "síntomas". *Un exceso de hollín negro en el escape o un exceso de humo negro cuando el coche está en marcha, delatará un problema de exceso de combustible y posibles daños en el catalizador.* En ese caso es necesario pasar una lectura de gases.

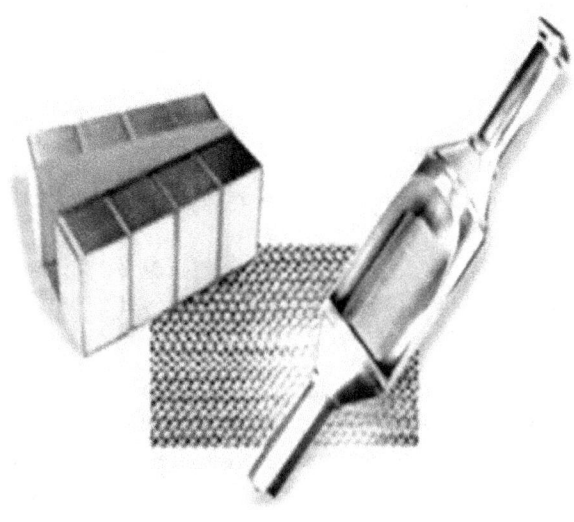

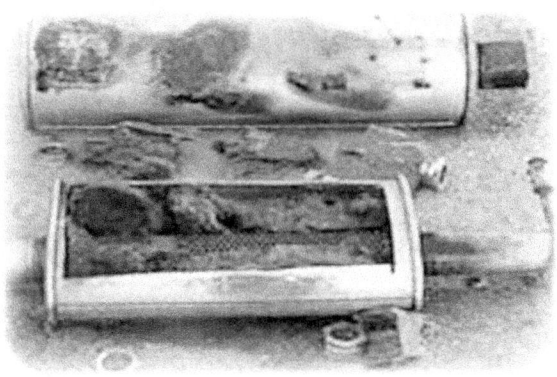

La vida media de un catalizador es de aproximadamente 80.000 kilómetros. Para obtener el máximo aprovechamiento y eficacia, hay que evitar una serie de procedimientos que pueden conducir a la avería del catalizador.

Otra causa de avería se produce cuando no se comprueba con frecuencia el *consumo de aceite, que si es excesivo puede ocasionar también una obstrucción del monolito*, al generarse un exceso de partículas en el motor. Igualmente, si se agota en exceso el nivel de combustible, puede producirse un suministro irregular, que provoque un envío irregular al catalizador.

Otra práctica que puede generar avería en el catalizador es el tradicional intento de arrancar el motor empujando el vehículo, o insistiendo en exceso sobre el contacto. Esta práctica genera que pueda llegar también combustible sin quemar al monolito pudiéndose, igualmente, fundir por combustión.

Además, una de las causas más frecuentes, pero que tiende a desaparecer, es la utilización de gasolina con plomo, que afortunadamente ya ha desaparecido. La presencia de plomo en el catalizador neutraliza los metales activos que contiene (platino, radio y paladio).

En resumen, es importante no olvidar pasar con el vehículo las revisiones periódicas correspondientes para evitar fallos de encendido o de combustión que puedan dañar al catalizador.

Capítulo 7

SENSORES ELECTRICOS

Todo sistema de inyección electrónica requiere de sensores varios que detecten los valores importantes que deben ser medidos, para que con esta información se pueda determinar a través de un computador el tiempo de actuación de los inyectores y con ello inyectar la cantidad exacta de combustible.

La implantación de la tecnología de microprocesadores en los equipos involucrados en las tareas de medida y protección, que se instalan para realizar la gestión y mantenimiento del servicio, se ha traducido en los últimos tiempos en una disminución de los requerimientos de potencia que deben dar los sensores de medida a dichos equipos.

Sonda de oxígeno o lambda

Estos sensores pueden ser divididos genéricamente en tres grandes grupos, esta división responde a la cantidad de conductores de conexión que lleva el componente y no a la tecnología utilizada en su construcción:

- Sondas de 1 conductor.
- Sondas de 3 conductores.
- Sondas de 4 conductores.

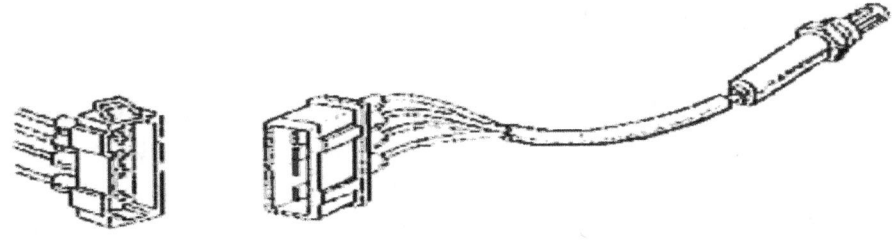

En estos distintos tipos de sonda, siempre el *conductor de color negro* es el que lleva la información brindada por la sonda, a la computadora.

En la mayoría de las sondas de 3 y 4 conductores, que son las que tienen incorporada resistencia calefactora, los *conductores de color blanco* son los que alimentan con + 12 Volts y masa a dicha resistencia.

El cuarto conductor que incorporan las sondas de 4 conductores, *color gris claro*, es masa del sensor de oxígeno. Esta masa es tomada en la masa de sensores en un Pin determinado de la computadora.

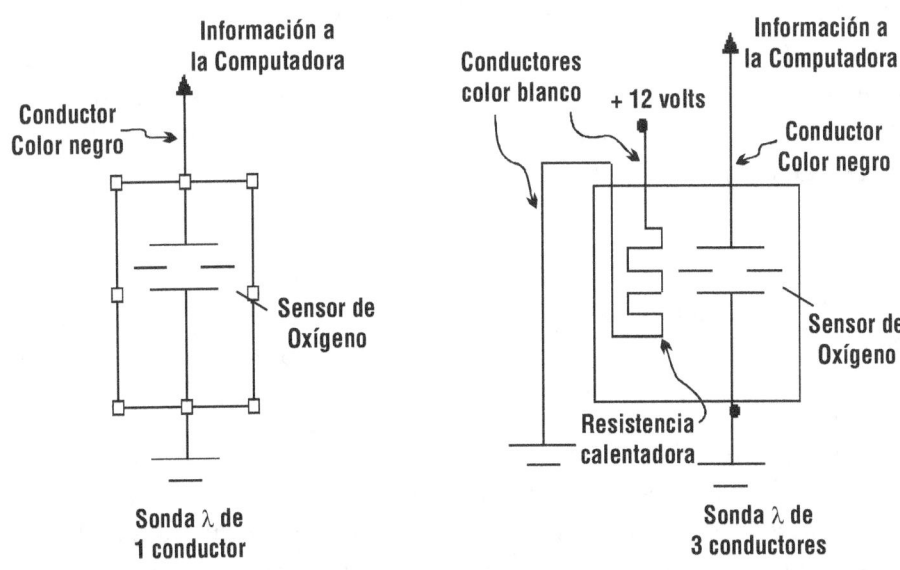

Señal de la calidad de los gases combustionados

En los primeros sistemas de Inyección, tanto mecánicos como electrónicos, se habían tomado como exactas las regulaciones de cada sistema, pero algunos factores pueden variar la calidad de la combustión, la cual no permite al motor entregar su mejor potencia y obligan adicionalmente a que esta *mala combustión genere una emisión de gases contaminantes al ambiente.*

Con estas malas experiencias, los sistemas fueron diseñándose de mejor manera, pero a pesar de ello la calidad de la combustión seguía dependiendo de otros factores, inclusive mecánicos, que afectaban en un buen porcentaje esta exactitud de los componentes electrónicos.

Es por eso que, con el descubrimiento del análisis de los gases de escape, se llegó a determinar la importancia y la relación de estos gases combustionados con la exactitud en el sistema de Inyección. *Este elemento que analiza los gases de escape es el Sensor de Oxígeno, llamado también Sonda Lambda.*

El sensor de Oxígeno no es más que un *sensor que detecta la presencia de mayor o menor cantidad de este gas en los gases combustionados,* de tal manera que cualquier variación en el número de moléculas calculadas como perfectas o tomadas como referenciales, será un indicador de malfuncionamiento y por lo tanto de falta o exceso de combustible en la combustión.

Este sensor trabaja como un "juez" del sistema, ya que todo el tiempo está revisando la calidad de la combustión, tomando como referencia al Oxígeno que encuentra en los gases quemados, informando al Computador, para que este último corrija la falta o el exceso de combustible inyectado, logrando la mezcla aire-combustible ideal.

Este sensor *está constituido de una cerámica porosa de Bióxido de Circonio y de dos contactores de Platino, alojados dentro de un cuerpo metálico.* El contactor está conectado al cuerpo, mientras que el segundo es el contacto aislado, el cual entregará la señal de salida hacia el Computador. *El sensor está a su vez localizado convenien-*

temente en la salida del múltiple de escape del motor, lugar en el cual puede medir la variación de la combustión del mismo.

SENSOR DE OXIGENO O SONDA LAMBDA

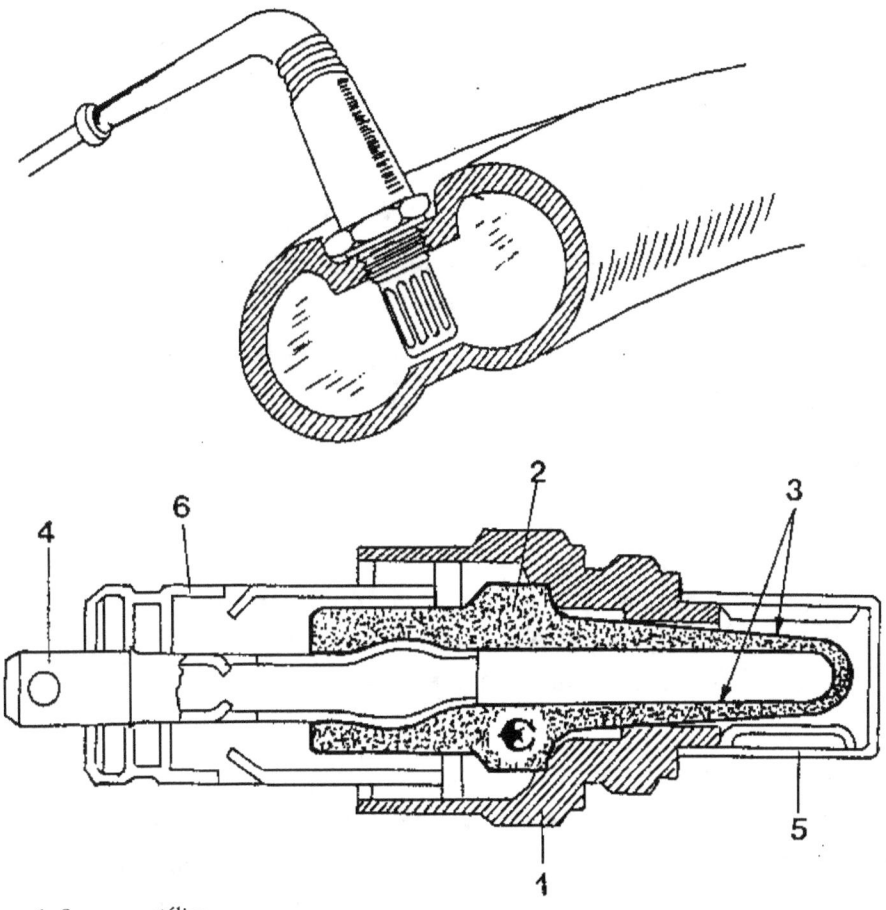

1. Cuerpo metálico
2. Cuerpo de bióxido de Circonio
3. Contactores de Platino
4. Conector eléctrico
5. Cápsula protectora
6. Aislante

Entre los dos contactos se genera una tensión eléctrica de aproximadamente 1 Voltio, cuando la cantidad de Oxígeno es abundante, que significa que la combustión posee mucho combustible. En cambio la generación de esta tensión eléctrica será menor si la cantidad de combustible inyectado es muy pobre. Por lo tanto durante el funcionamiento del motor se tendrán valores de generación entre décimas de voltio hasta aproximadamente 1 Voltio, dependiendo de la presencia del Oxigeno en los gases combustionados.

Como el Computador está recibiendo esta información permanentemente, puede en cuestión de milésimas de segundo modificar la cantidad de combustible que inyecta el sistema, permitiendo que el motor obtenga una gran exactitud en su combustión, que significa entonces una óptima potencia de entrega y una emisión mínima de gases contaminantes en el ambiente.

En el esquema podemos apreciar la estructura de este sensor y su localización en la tubuladura del escape.

Sensor de pistoneo

En las primeras versiones de Inyección electrónica, el sistema de encendido no formaba parte del primero, ya que se los consideraban como dos Sistemas separados, que en realidad así lo eran.

Con las innovaciones y mejoras de los sistemas de Inyección se inició la relación entre la Inyección y e! Sistema de encendido, ya que los datos de revoluciones, avance y retardo del punto de encendido eran parámetros muy importantes de tenerlos en cuenta para que se logre una combustión perfecta dentro del cilindro.

Por esto el Computador de este sistema tiene la facultad de adelantar el punto de encendido para obtener la mayor potencia posible, pero al adelantar este punto, el motor empieza a pistonear, dañándose consecuentemente. Para contrarrestar este pistoneo, se debe corregir, retardando el punto de encendido.

SENSOR DE PISTONEO

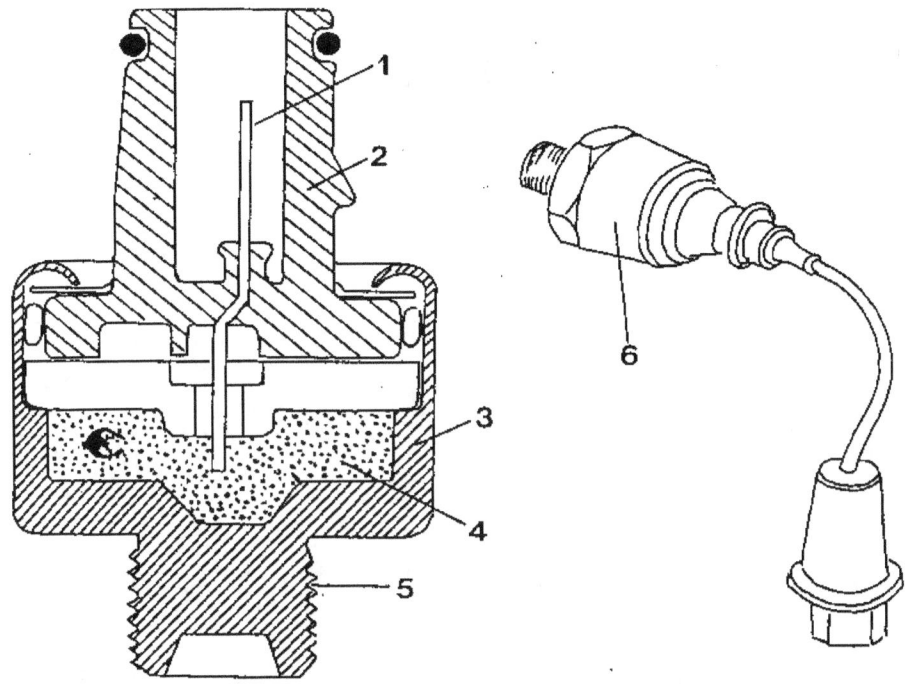

1. Conector eléctrico
2. Cuerpo aislante
3. Cuerpo metálico
4. Elemento piezoeléctrico
5. Rosca
6. Vista del sensor

Justamente esta función de determinar un punto de encendido idóneo la debe cumplir el Computador y el sensor que le informa es el sensor de Pistoneo.

Este sensor es diseñado de un material piezoeléctrico, alojado en un cuerpo metálico y localizado en la parte superior del bloque de cilindros, lugar en donde se obtiene el golpe del pistoneo. Este material tiene la característica de generar una tensión eléctrica con el golpe que detecta, señal que se dirige al computador, el cual corrige este punto retardándolo, hasta que no recibe señal, para luego adelantarlo nuevamente, y así sucesivamente, manteniendo con ello unas condiciones exactas de funcionamiento.

Este sensor, por lo tanto, se ha instalado en los sistemas modernos de Inyección, sistemas que trabajan en conjunto con el Sistema de Encendido y logran una perfecta definición de la combustión y con ello la mayor potencia del motor y con la menor contaminación de los gases de escape.

En algunos motores de doble fila de cilindros, como son por ejemplo los casos de motores en "V" o motores de pistones antagónicos se instalan a dos sensores, los cuales informan individualmente de cada lado del motor.

En los esquemas se pueden notar la constitución del sensor y su apariencia.

Sensor de temperatura del refrigerante

Como el motor de combustión interna no se mantiene en el mismo valor de temperatura desde el inicio de funcionamiento, ya que se incrementa, las condiciones de funcionamiento también variarán notablemente, especialmente cuando la temperatura es muy baja, debiendo vencer las resistencia de sus partes móviles; adicionalmente un buen porcentaje del combustible inyectado es desperdiciado en las paredes del múltiple de admisión, de los cilindros y debido a la mala combustión, por lo que requerimos inyectar una cantidad adicional de combustible en frío y reducir paulatinamente este caudal hasta llegar al ideal en la temperatura óptima de funcionamiento.

Esta señal informa al computador la temperatura del refrigerante del motor, para que este pueda enriquecer automáticamente la mezcla aire – combustible cuando el motor está frío y la empobrezca paulatinamente en el incremento de la temperatura, hasta llegar a la temperatura ideal de trabajo, momento en el cual se mantiene la mezcla ideal.

El sensor está encapsulado en un cuerpo de bronce, para que pueda resistir los agentes químicos del refrigerante y tenga además una buena conductibilidad térmica. Está localizado generalmente cerca del termostato del motor, lugar que adquiere el valor máximo de temperatura de trabajo y entrega rápidamente los cambios que se producen en el refrigerante. En su parte anterior tiene un conector con dos pines eléctricos, aislados del cuerpo metálico.

Veamos en el esquema la constitución interna básica del sensor:

SENSOR DE TEMPERATURA DEL REFRIGERANTE

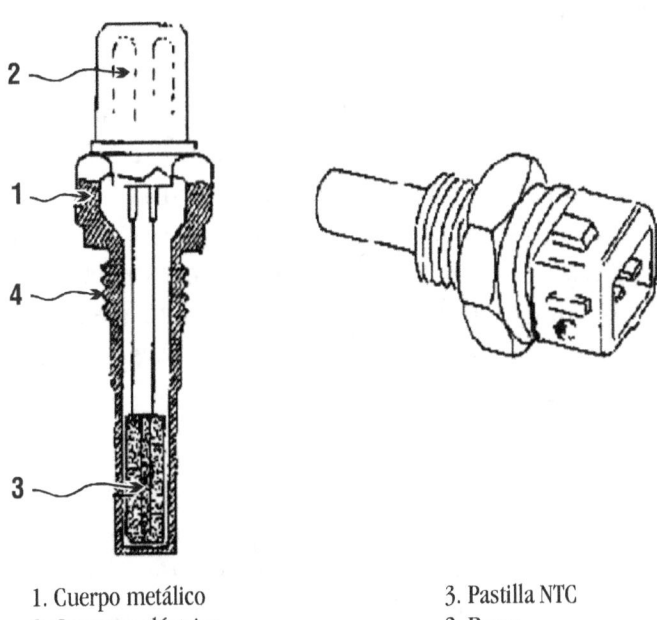

1. Cuerpo metálico   3. Pastilla NTC
2. Conector eléctrico 2. Rosca

Adicionalmente podemos decir que como el sensor se basa para su trabajo en la característica de su material, todos los sensores utilizados tendrán las características similares, con la diferencia mayor localizada en el tamaño, su diseño, la forma de la rosca y del conector, pero siempre tendrá características de medición muy similares, por no decir idénticas entre cualquier procedencia.

Sensor de temperatura del aire aspirado

Al igual que e! sensor de temperatura del refrigerante, el sensor de temperatura del aire que aspira el motor, es un parámetro muy importante de información que debe recibir el Computador, información que generalmente se la toma conjuntamente con el caudal de aire de ingreso. *Estas dos informaciones le dan al Computador una idea exacta de la masa o densidad del aire que ingresa al motor y con ello se puede inyectar un caudal exacto de combustible, para que la mezcla esté en su medida ideal.*

Cuando el Computador solamente recibe la cantidad de aire como información, las moléculas del mismo podrían estar muy condensadas (cuando está frío el aire), por lo tanto se tendrá un número mayor de moléculas de aire que se mezclen con la cantidad de moléculas del combustible inyectado; en cambio, si el aire está muy caliente, el número de moléculas será mucho menor en el mismo volumen aspirado, mezclándose con la misma cantidad de moléculas de combustible que se inyecta, empobreciéndose la mezcla que ingresa a los cilindros del motor.

Generalmente está localizado en el depurador, en la tubuladura posterior al depurador o en el mismo múltiple de admisión. Su estructura es similar a la del sensor de temperatura del refrigerante, pero el encapsulado es más fino, pudiendo ser plástico o la "pastilla" NTC está solamente protegida por un sencillo "enrejado", el cual permita al aire chocar directamente sobre el sensor.

Veamos en el esquema la constitución interna básica del sensor:

SENSOR DE TEMPERATURA DEL AIRE ASPIRADO

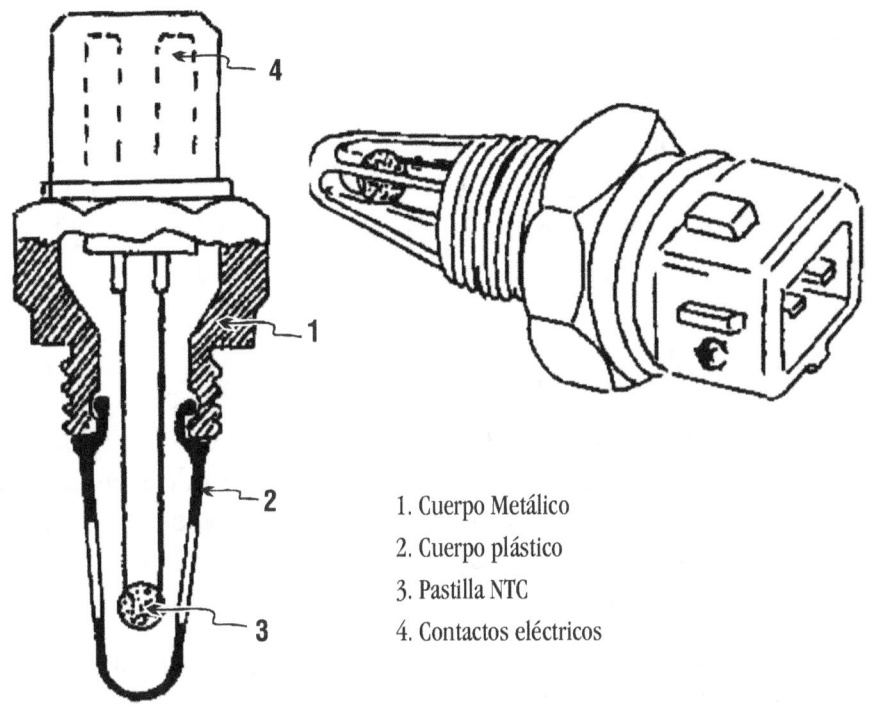

1. Cuerpo Metálico
2. Cuerpo plástico
3. Pastilla NTC
4. Contactos eléctricos

Sensor de temperatura del combustible

En algunos sistemas de Inyección electrónica se ha tomado como otro parámetro importante la medición de la Temperatura del combustible, debido a que, como el sensor de temperatura del aire, *la variación de la temperatura del combustible modificaría la cantidad de moléculas inyectadas, variando de esta forma la mezcla aire-combustible.*

Entenderemos mejor esto, diciendo que el combustible tiene una mayor concentración de moléculas cuando está frió y menor cuando está caliente, similar al caso explicado del sensor de temperatura de aire, ya que las moléculas de un gas o de un liquido, dentro de un mismo volumen, varían en cantidad de acuerdo a su temperatura.

Nuevas Tecnologías

A continuación conoceremos las nuevas tecnologías, es decir la aplicación de la tecnología en los vehículos para combatir a la contaminación, sobre todo a la atmosférica que es la que más se destaca en los mismos:

Inyección de aire en el escape

Como ya vimos antes el CO y el HC se oxidan con el oxígeno del aire gracias a las condiciones reinantes en el colector de escape, pero como quiera que esta reacciones son lentas lo que hacemos es *inyectar aire* en el escape para de este modo favorecer la oxidación y obtener CO_2 y H_2O y CO_2 respectivamente.

El aire se debe inyectar en una zona caliente para que no afecte a las condiciones de alta temperatura necesarias para estas reacciones, por ejemplo junto a la válvula de escape. El aire se inyecta mediante una bomba movida por el motor con lo que inyecta aire en función del régimen de este, y una válvula de un solo sentido.

Inyección de aire sistema PULSAIR

Se basa en la idea de añadir aire al escape para facilitar la oxidación como ya se explico, pero este sistema es más sencillo y no usa bomba de aire por lo que es más fiable y económico.

Se trata de una válvula con una membrana de acero que tapa y libera el paso según las pulsaciones de los gases de escape, aprovecha así las variaciones de presión del sistema de escape.

La inyección de aire se interrumpe mediante una válvula de derivación cuando estamos en deceleración para evitar detonaciones en el escape.

En resumen el objetivo es la de completar la combustión en colector de escape de los gases expulsados del cilindro, con la inyección de aire, para así reducir el porcentaje de hidrocarburos (que se terminan de quemar) y de convertir el monóxido de carbono en bióxido de carbono.

Esta inyección se realiza en las proximidades de las válvulas de escape.

Para lograr esta introducción de aire, se utiliza una válvula oscilante *(pulsair)*.

Reciclado de vapores del depósito de combustible (CÁNISTER)

La gasolina es muy volátil y a temperatura ambiente desprende una cierta cantidad de vapor, mayor cuanto mas alta sea la temperatura. Estos vapores de gasolina son nocivos y no deben ser vertidos al exterior.

En algunos vehículos se montan sistemas de absorción de los vapores que se forman en el depósito o en el carburador.

Un dispositivo denominado cánister es el encargado de absorber los vapores de gasolina, a través de unas canalizaciones. Tiene forma de recipiente y en su interior contiene carbón activo.

El carbón activo absorbe los vapores para que posteriormente en ciertas condiciones de uso, sean vertidos al sistema de alimentación.

Los vapores que se forman en el deposito de combustible son canalizados por un conducto hasta una caja de expansión, situada a mayor altura, donde cierta cantidad de este se condensa, volviendo otra vez al deposito.

El resto del vapor llega hasta el cánister para ser purificado.

Los vapores producidos en la cuba del carburador son enviados al filtro.

También se incorpora una válvula antivuelco, que impide el derrame de combustible del depósito y una válvula limitadora de presión, que permite el paso hacia el depósito de expansión y el canister.

-Válvula de seguridad de dos vías

Esta válvula permite el descargue de presión del depósito al exterior; cuando la presión en el depósito supera 130 a 165 mbar.

También cuando en el interior del deposito se crea una depresión que supera <20 mbar., permite el paso de aire para reestablecer de nuevo la correcta presión de funcionamiento.

-Válvula multifuncional

Esta válvula desarrolla las siguientes funciones:

- Impedir el paso de combustible liquido en caso de que vuelque el vehiculo.
- permitir la salido de los vapores del deposito hacia el filtro de carbones.
- Permitir la ventilación del depósito.
- Verificación de los sistemas de anticontaminación

El exceso de contaminantes es a causa del mal funcionamiento de algunos de los componentes o de los diferentes sistemas anticontaminantes del motor.

Válvula EGR (Exhaust Gas Recirculation)

Esta compuesta por una capsula, que en su interior se aloja un muelle y una membrana que gobierna una válvula de extremo cónico, que es la encargada de suministrar los gases del escape al colector de admisión.

Se utiliza para disminuir los NOx.

Consiste en coger una pequeña parte de los gases de escape y llevarlos al colector de admisión para volver a meterlos en la cámara de combustión con los frescos.

De este modo la mezcla resulta empobrecida por lo que disminuye la velocidad de combustión con lo que disminuyen la temperatura y la presión límites.

Como ya explicamos la formación de NOx necesita de temperaturas (y presiones) altas, y como hemos reducido la temperatura y presión se reduce la formación de NOx, y además también se reduce la formación de óxidos de azufre.

Este sistema logra reducciones de hasta un 50%.

Solo actúa a cargas parciales y con el motor caliente y prácticamente no se nota en el funcionamiento del motor.

Inyección lucas epic

El sistema de inyección diesel EPIC (Electronically Programmed Injection Control) ha sido desarrollado por LUCAS y PSA.

Cumple con:

- Responder a la norma anticontaminación CEE 96 (L3)
- Mejorar el placer de conducción
- Reducir el consumo
- Optimizar las prestaciones (en los consumos temporales)

El sistema de inyección debe asegurar tres funciones:

- Bombeo (puesta a presión del gasoil)
- Dosificación (variación de la cantidad de gasolina inyectada)
- Distribución (unión con cada inyector)

Estas tres funciones están aseguradas en el interior de la bomba por diferentes elementos mecánicos y por variaciones de presión.

Este sistema de inyección posee una válvula EGR para propiciar la recirculación de gases.

Un Futuro más Limpio y Seguro con la Tecnología SCR

La gran mayoría de los fabricantes de camiones pesados de Europa Occidental han puesto en marcha una nueva iniciativa de cooperación, orientada a que el sector de transporte por carretera resulte más limpio en el futuro.

Las compañías DAF, Iveco, Mercedes-Benz, Renault Trucks y Volvo Trucks, que representan, aproximadamente, el 80% del mercado europeo de camiones, han optado por la tecnología de control de emisiones SCR (Selective Catalytic Reduction), que permite cumplir las nuevas normas sobre emisiones de escape Euro 4 y Euro 5. En paralelo a esta adopción, las empresas químicas y petrolíferas han garantizado el suministro regular de AdBlue, que es la disolución de agua y urea que utiliza dicha tecnología.

La tecnología SCR

A través de un convertidor catalítico y de la adición de unas determinadas cantidades de *AdBlue* en la corriente de gases calientes del tubo de escape, el sistema *SCR reduce la emisión de óxidos de nitrógeno (Nox) dañinos, transformándolos en agua y nitrógeno inocuo. AdBlue es el nombre comercial de una disolución acuosa de urea (principio muy nitrogenado que constituye la mayor parte de la materia orgánica disuelta en la orina normal. Es cristalizable, inodoro, incoloro, muy soluble en agua y de un sabor fresco que se asemeja al del nitro) producida de forma sintética, normalizada y de alta calidad.* AdBlue se almacena en un depósito independiente, situado en el interior del vehículo y su manipulación no plantea ningún problema. Los camiones y los vehículos comerciales pesados equipados con tecnología SCR cumplen la norma Euro 4 sobre emisiones de gases de combustión, que se impuso en 2006, e incluso el próximo paso, que es la norma Euro 5, que entrará en vigor en 2009. Asimismo, se calcula que el consumo de combustible de los camiones equipados con el sistema SCR es entre un 2 y un 5% inferior al de los vehículos comparables que cumplen la norma Euro 3, lo que constituye un argumento especialmente eficaz en un momento de subida de los precios del petróleo y un factor de protección medioambiental adicional, debido al menor nivel de emisiones de CO_2 que genera.

AdBlue se encuentra disponible en cantidad suficiente

Los suministros del producto de alta calidad AdBlue, que es *conforme a la Norma DIN 70070*, están garantizados por los principales productores europeos de urea, entre ellos AMI Agrolinz Melamin International GmbH, BASF AG, Fertiberia, S. A, Grande Paroisse, SKW Stickstoffwerke Piesteritz GmbH y Yara International ASA, que poseen instalaciones de producción en seis países europeos. Los productores de AdBlue adaptarán su capacidad productiva a la evolución del mercado y, en la actualidad, están estableciendo junto a sus distribuidores una red de suministro destinada a sus clientes en toda Europa.

El papel de las empresas petrolíferas en la introducción de la tecnología SCR

Dos conocidas compañías petrolíferas –la austriaca OMV y la francesa Total, que es la primera empresa europea de refino y comercialización de productos petrolíferos- ya están preparando una estrategia orientada a la implantación de la tecnología SCR en los vehículos comerciales. Asimismo, participan activamente en la realización de las comprobaciones finales de los nuevos sistemas de postratamiento. Otras empresas han expresado un gran interés a respecto y están manteniendo intensas conversaciones con los citados representantes de los sectores químico y de vehículos comerciales. En este momento, tanto las empresas petrolíferas como los fabricantes de AdBlue están desarrollando presentaciones comerciales y fórmulas de servicio dirigidas a los operadores públicos y privados de gasolineras. Principalmente, esto supone equipar las estaciones de servicio operadas por la industria europea de transportes con sistemas de repostaje de SCR. Dichos sistemas cubren una amplia gama, desde surtidores mixtos de gasóleo y AdBlue con contadores separados y una única entrada para ambos productos *(un sistema que ya se encuentra operativo en las gasolineras de Berlín, Sttutgart y Vomp/Tirol).*

Una solución fiable para cualquier motor diesel

Los expertos opinan que existen muchas posibilidades de que los sistemas de postratamiento SCR se acepten también en el resto del mundo. En términos globales, la tecnología SCR proporciona la solución más rentable, tanto desde el punto de vista medioambiental como económico.

AdBlue

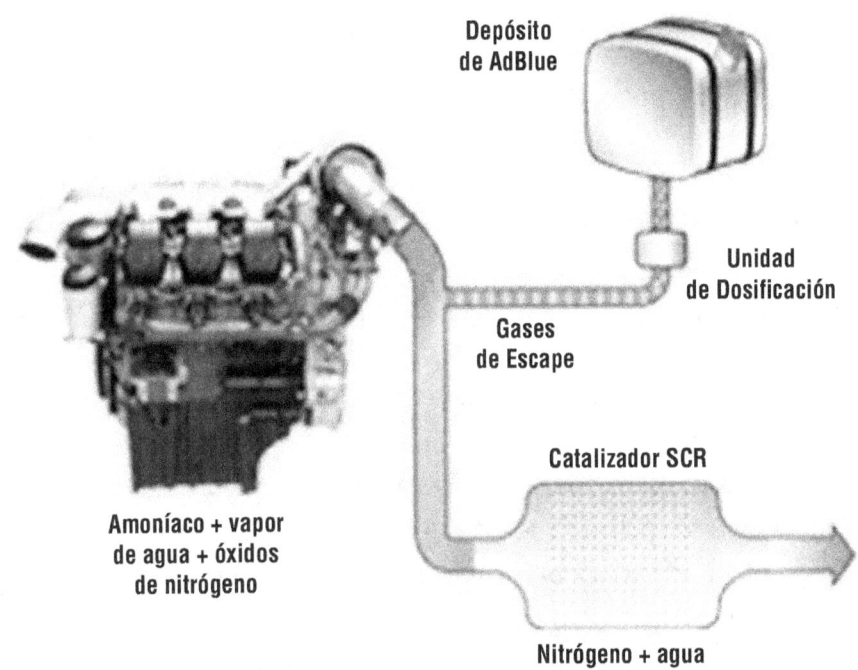

Depósito de AdBlue

Unidad de Dosificación

Gases de Escape

Catalizador SCR

Amoníaco + vapor de agua + óxidos de nitrógeno

Nitrógeno + agua

El concepto de híbrido en Volvo FM

Volvo ha desarrollado una solución híbrida para los vehículos pesados, que combina el motor diesel con un motor eléctrico. El camión puede acelerar únicamente con energía eléctrica, lo que disminuye el consumo de combustible, las emisiones y los niveles de ruido.

Ahorra combustible y protege el medio ambiente

Aunque el concepto está en desarrollo todavía, los resultados hasta el momento son muy prometedores. Los cálculos indican que el ahorro de combustible puede aumentar hasta un 35%, con la correspondiente reducción del impacto en el medio ambiente.

Características híbridas y rendimiento

- Elevado potencial de reducción del consumo de combustible.
- Recuperación y almacenamiento de la energía de frenado para un uso posterior.
- *Ausencia de emisiones cuando funciona el motor eléctrico.*
- Bajo nivel de ruido en funcionamiento con el modo eléctrico.
- Menor desgaste de frenos, y en consecuencia, disminución de costes de mantenimiento.

Capítulo 8

LEGISLACION

Se comenzará por ver las definiciones que adopta nuestra ley (Argentina) sobre el tema de la Contaminación Atmosférica y luego daremos un vistazo por algunos de sus artículos mas importantes y a continuación analizaremos la leyes que rigen el mundos: "las Euro".

Ley Nacional 20.284

BUENOS AIRES - 16/04/1973

BOLETIN OFICIAL - 03/05/1973

Anexo III

ARTÍCULO 1.- A los fines de la presente ley, los términos que figuran a continuación tendrán el significado que en cada caso se especifica:

- *CONTAMINACION ATMOSFERICA:* Se entiende por contaminación atmosférica la presencia en la atmósfera de cualquier agente físico, químico o biológico, o de combinaciones de los mismos en lugares, formas y concentraciones tales que sean o puedan ser nocivos para la salud, seguridad o bienestar de la población, o perjudiciales para la vida animal y vegetal o impidan el ciales para la vida animal y vegetal o impidan el uso y goce de las propiedades y lugares de recreación.

- *FUENTE DE CONTAMINACION*: Entiéndase por fuente de contaminación, los automotores, maquinarias, equipos, instalaciones e incineradores, temporarios o permanentes, fijos o móviles, cualquiera sea su campo de aplicación u objeto a que se los destine, que desprendan a la atmósfera sustancias que produzcan o tiendan a producir contaminación atmosférica.

- *EMISION:* Se entiende por emisión cualquier contaminante que pase a la atmósfera como consecuencia de procesos físicos, químicos o biológicos. Cuando los contaminantes pasen a un recinto no diseñado específicamente como parte de un equipo de control de contaminación del aire, serán considerados como una emisión a la atmósfera.

- *NORMA DE CALIDAD DE AIRE:* Se entiende por norma de calidad de aire todo valor límite de la concentración de uno y más contaminantes en la atmósfera.

- *FUENTES FIJAS:* Son todas las fuentes diseñadas para operar en lugar fijo. No pierden su condición de tales aunque se hallan montadas sobre un vehículo transportador a efectos de facilitar sus desplazamientos.

- *FUENTES MOVILES:* Son todas aquellas fuentes capaces de desplazarse entre distintos puntos, mediante un elemento propulsor (motor) que genera y emite contaminantes.

- *MODELO:* Se entiende como incluidas en un determinado "modelo" aquellas unidades en que los elementos o dispositivos capaces de influir en las emisiones contaminantes no difieran en lo que hace a sus características de diseño y funcionamiento.

- *PESO BRUTO RECOMENDADO:* Es el peso total del vehículo cargado, especificado por el fabricante, incluidos el conductor y acompañante.

Sus Artículos más importantes

ARTÍCULO 4.- Será responsabilidad de la autoridad sanitaria nacional estructurar y ejecutar un programa de carácter nacional que involucre todos los aspectos relacionados con las causas, efectos, alcances y métodos de prevención y control de la contaminación atmosférica, la que a tal fin podrá:

a) Otorgar subsidios y realizar convenios para investigaciones.

b) Organizar cursos y promover su realización por instituciones oficiales para capacitación de personal.

c) Concertar con las Provincias y con la Municipalidad de la Ciudad de Buenos Aires, convenios de asistencia y cooperación.

d) Asesorar y coordinar con las autoridades de planeamiento y urbanismo de las distintas jurisdicciones las acciones tendientes a la preservación de los recursos de aire.

e) Dotar y poner en funcionamiento laboratorios regionales, provinciales y comunales, destinados a estudios de carácter local.

f) Otorgar becas para la especialización de personal técnico.

g) Promover la enseñanza en todos los niveles y realizar campañas de difusión.

h) Proponer al Poder Ejecutivo Nacional la creación de una Comisión de Preservación de los Recursos de Aire con carácter de asesora.

ARTÍCULO 5.- Créase el Registro Catastral de Fuentes Contaminantes a cargo de la autoridad Sanitaria Nacional, la que a esos efectos solicitará la cooperación de las autoridades provinciales y de la Municipalidad de la Ciudad de Buenos Aires.

ARTÍCULO 6.- La autoridad Sanitaria Nacional queda facultada para fijar las normas de calidad de aire y las concentraciones de contaminantes correspondientes a los estados del Plan de Prevención de Situaciones Críticas de Contaminación Atmosférica, conforme se establece en el Anexo II de esta ley. El Poder Ejecutivo Nacional, a propuesta de la autoridad Sanitaria Nacional queda facultado para modificar los valores establecidos en los Anexos I y II cuando así corresponda.

ARTÍCULO 9.- La autoridad sanitaria local establecerá un Plan de Prevención de Situaciones Críticas de Contaminación Atmosférica, basado en el establecimiento de tres niveles de concentración de contaminantes. La ocurrencia de estos niveles determinará la existencia de estados de Alerta, Alarma y Emergencia.

ARTÍCULO 18.- La autoridad Sanitaria Nacional nombrará un representante que, dentro de los NOVENTA (90) días de haberse solicitado la constitución de la Comisión Ínter jurisdiccional, realizará las investigaciones y evaluaciones necesarias a fin de verificar la existencia del problema y delimitar la zona geográfica afectada por el mismo. Dicho representante podrá solicitar la colaboración de las autoridades sanitarias de las respectivas jurisdicciones y de la Nación, y requerir el personal y los servicios técnicos que le sean necesarios.

ARTÍCULO 25.- La tramitación de las causas a que dé lugar la aplicación del artículo 3 corresponderá a las Comisiones Ínter jurisdiccionales y las resoluciones que las mismas dicten serán recurribles ante el Juez Federal de Primera Instancia de Turno del lugar donde esté ubicada la fuente contaminante.

ARTÍCULO 26.- Las infracciones a la presente ley y a las normas que en su consecuencia se dicten, serán pasibles de las siguientes sanciones, las que podrán imponerse independientemente o conjuntamente según resulte de las circunstancias del caso:

a) Multa de CIEN PESOS ($ 100.-) a CINCUENTA MIL PESOS ($ 50.000.).

b) Clausura temporal o definitiva de la fuente contaminante.

c) Inhabilitación temporal o definitiva del permiso de circulación cuando se trate de unidades de transporte aéreo, terrestre, marítimo o fluvial.

Normas que rigen al planeta:"Las Euro"

El transporte es una de las principales causas de contaminación medioambiental y tiene un impacto significativo en el cambio climático. La UE, junto con sus socios internacionales, está adoptando diversas medidas para atajar el problema, pero sus dirigentes afirman que los fabricantes de automóviles y los consumidores también deben tomar parte activa en el asunto.

Actualmente, el transporte es causa de más del 25% de las emisiones de dióxido de carbono (CO_2). Los contaminantes procedentes de los vehículos afectan especialmente a la calidad del aire urbano, provocan daños en el patrimonio histórico y suscitan importantes problemas sanitarios. Según las últimas cifras, el sector del transporte es el único que sigue produciendo emisiones de gases de efecto invernadero a un ritmo creciente. Las emisiones de CO_2 de los automóviles han aumentado un 22% desde 1990.

Tanto el ámbito legislativo como el de la investigación tienen un importante papel que desempeñar en la mejora del funcionamiento de los vehículos, aunque la Comisión Europea señala que las preferencias del público también son parte del problema. Se conduce más, incluso para realizar trayectos cortos, y se siguen prefiriendo los coches con alto consumo de combustible (es decir, los que más CO_2 producen). Por citar sólo un ejemplo, en un momento en que todos los esfuerzos deberían centrarse en conseguir un funcionamiento más respetuoso con el medio ambiente, la compra de todoterrenos ligeros, con motores de gran tamaño y elevado consumo de combustible, sigue creciendo.

El CO_2 no es, en absoluto, el único problema. Los automóviles de gasóleo, sobre todo, emiten partículas (PM) y otros contaminantes, tales como óxidos de nitrógeno (NOx), que dan lugar a la formación de ozono. La presencia de niveles elevados de ozono a la altura de la superficie terrestre puede provocar graves problemas respiratorios, sobre todo a personas asmáticas, niños y ancianos.

Marco legal

En el 2005 entró en vigor la norma Euro 4 para todos los vehículos mayores de 3,5 Tm (camiones, autobuses...) que obliga a reducir de forma considerable las emisiones respecto a la norma Euro 3.

Octubre 2005: Obligado cumplimiento de la norma Euro 4 para los nuevos modelos.

Octubre 2006: Obligado cumplimiento de la norma Euro 4 para todos los vehículos nuevos.

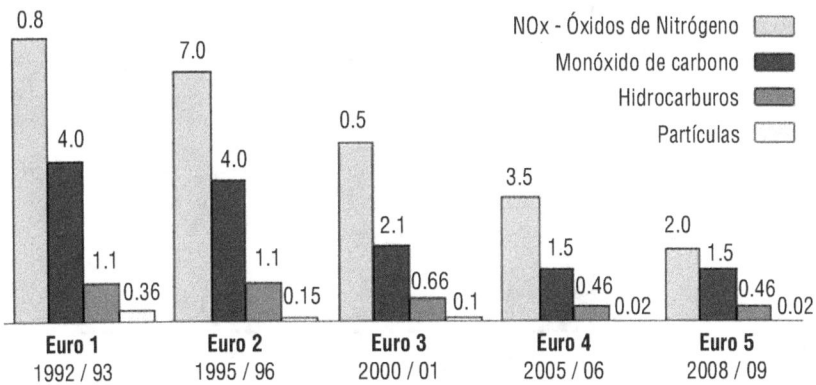

Duras exigencias para la reducción de emisiones

Todos los vehículos matriculados a partir del 1 de octubre de 2006 deberán cumplir la norma Euro 4. Euro 5 entrará en vigor el 1 de octubre de2009.

Las nuevas normas de reducción de gases de escape Euro imponen duras exigencias a todos los fabricantes de vehículos. La diferencia en los requisitos de emisiones de escape entre un motor Euro 3 y otro Euro 4 es considerable. Las emisiones de óxidos de nitrógeno (NOx) se deben reducir de 5 a 3,5 g/kWh, es decir, un 30%. Las emisiones de partículas (PM) deben reducirse de 0,1 a 0,02 g/kWh. Corresponde a una reducción de no menos del 80%.

En el diagrama siguiente se muestra la reducción significativa de NOx y de PM que es necesaria para cumplir la norma Euro 4, y especialmente la norma Euro5:

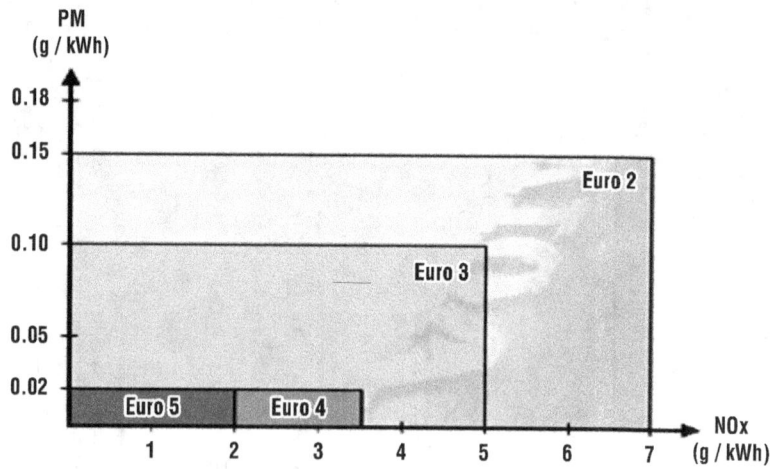

La forma de asegurar el cumplimiento de las normas EURO 4 y EURO 5

Al igual que la inmensa mayoría de los fabricantes de camiones pesados de Europa Occidental, Volvo ha elegido la tecnología SCR para dar cumplimiento a las nuevas normas de emisiones Euro 4 y Euro 5.

Para cumplir los nuevos requisitos de emisiones que entrarán en vigor en Europa en 2006 (Euro 4) y 2009 (Euro 5), se necesitarán nuevas soluciones para los motores diesel, los procesos de combustión y las técnicas de tratamiento posterior de los gases de escape.

Volvo se encuentra a la vanguardia en lo que se refiere al desarrollo de técnicas de reducción de los gases de escape. Nuestra solución para cumplir los requisitos de las normas Euro 4 y Euro 5 consiste en desarrollar motores diesel con una combustión todavía más eficaz, junto con el tratamiento posterior de los gases de escape mediante el aditivo AdBlue y SCR (reducción catalítica selectiva).

Ventajas de la tecnología SCR de Volvo

- SCR tiene un futuro seguro y, por tanto, representa una inversión segura, ya que esta tecnología ofrece el potencial necesario para cumplir las normas Euro 5 y otras que aparezcan en el futuro.

- SCR se ha adoptado en toda Europa y es considerablemente menos sensible a la baja calidad del combustible diesel que otras tecnologías competidoras.

- El sistema SCR solo requiere un mantenimiento menor y se ha diseñado para toda la vida útil del vehículo.

- La tecnología SCR no tiene efecto alguno sobre los intervalos de servicio y de cambio de aceite de los vehículos en los que se instala.

- La tecnología SCR resulta indicada para elevadas potencias. No es necesario complementar el sistema de lubricación o de refrigeración del motor, por ejemplo, algo que sí podría ser necesario con otras tecnologías.

- SCR es la solución con más bajo consumo de combustible disponible entre las diversas técnicas destinadas a asegurar el cumplimiento de las normas Euro 4 y Euro 5.

Una solucion rapida

Una solución rápida hace referencia a las medidas inmediatas que podemos tomar para reducir la contaminación, pero hay que recordar que estas medidas no solucionan el problema, solamente reducimos los valores de contaminación en un mundo donde el la contaminación atmosférica sigue existiendo y aumenta día a día:

Planteamiento del problema

Frente a las exigencias actuales, en torno a los efectos de la contaminación ambiental y la dependencia hacia las fuentes de energía fósiles, se han desarrollado investigaciones e iniciativas para incorporar fuentes de energías alternas no contaminantes, de alto rendimiento y baratas para la producción de combustibles. Sin embargo, alguna de ellas requiere de grandes inversiones en investigación y desarrollo para que cumplan con estos requisitos. Por otra parte, las fuentes de energía fósiles parecen aportar las mejores opciones.

Actualmente, existe la interrogante en torno a *¿cuál será la mejor opción de combustible para escoger?*, contamos con una serie de estudios técnicos y de comportamientos de escenarios futuros que decidirán el manejo de las inversiones que orientarán el uso y disponibilidad de combustibles, menor impacto ambiental y mejor rendimiento en los vehículos.

En esta investigación *manejamos como hipótesis:* En el futuro, los combustibles que contaminen menos el ambiente serán la mejor alternativa para los vehículos terrestres. Entendiendo que esta alternativa tendrá como variables independientes: *a)* La menor emisión de partículas contaminantes, *b)* Accesibilidad económica y *c)* Conocimiento de los combustibles no contaminantes por parte de la gente; y como variables dependientes: El nivel de impacto ambiental producido por los combustibles: *a)* alternos (hidrógeno, metanol, etanol, etc.) Y *b)* fósiles (gasolina, gasoil, diesel, entre otras).

Para responder a nuestra hipótesis estudiamos estos combustible y comparar sus ventajas y desventajas, tomando como referencia las fuentes de energía (solar, agua, petróleo, gas natural, carbón y bionergía, principalmente) con relación a los medios de conversión de vehículos terrestres (motores de combustión interna, híbridos y las *fuel cells*)

Es importante destacar, que eliminar el problema de la contaminación depende tanto de la captura de las emisiones como de la cero producción de emisiones, para ello es fundamental disponer de nuevas tecnologías que permitan: *a)* el procesamiento de combustibles fósiles en donde intervienen los motores de combustión interna, la reformación a bordo para fuel cell y la inyección directa de combustible, *b)* el procesamiento de nuevos combustibles no fósiles (fuel cells) *c)* la producción de nuevos combustibles fósiles cero emisiones (tales como diesel emulsionado) y *d)* el desarrollo de nuevos medios de transporte.

Los combustibles estudiados como más viables para el futuro son

- *El Gas Licuado de Petróleo:* cuya combustión a un motor de gasolina resulta sencilla y no muy costosa, lográndose así una combustión más limpia. El problema reside en el almacenamiento y el suministro. Actualmente se usa a pequeña escala en vehículos de servicio público.

- *El Gas Natural:* necesita depósitos especiales para almacenarse, en forma de gas tiene que estar a 200 atmósferas de presión y en forma liquida, a $-175°$ C de temperatura. Su rendimiento energético es 4 veces mas bajo que el de la gasolina, aunque este depende de la capacidad que tenga el vehículo para almacenar el combustible (generalmente es baja), reduce las emisiones de dióxido de carbono y oxido de nitrógeno. BMW y Fiat ya tienen prototipos que trabajan con gas natural. Hay unos 75.000 vehículos propulsados por gas natural en Estados Unidos y cerca de 1 millón en el mundo. Uno de cada 5 autobuses en EEUU tiene como combustible el gas natural. Los tanques de almacenamiento tienen que tener periódicas inspecciones y mantenimiento, tienen de 2 a 3 años de vida de servicio y se extiende mientras requiere mantenimiento, Los tanques de gas natural son más seguros que los de gasolina. El costo de este combustible es menor que el de la gasolina.

En Argentina este es un combustible alternativo muy usado debido a su bajo costo.

- *Metanol:* se obtiene del gas natural pero tiene un mayor poder energético. Ataca a ciertos plásticos y a metales como aluminio o el zinc. El metanol (un 85% de metanol y un 15% de gasolina es) para la aplicación y el metanol 100 con un 100% de pureza es para la aplicación. Requiere un deposito especial y modificaciones en el motor. Reduce las emisiones de óxidos de nitrógeno. Existen más de 20.000 vehículos en uso actualmente. Usa lubricantes especiales que se suplen por medio de un pedido. El costo del metanol 85 es igual al de las gasolinas Premium.

- *Etanol alcohol producido de la basura*: Etanol 85(85% de etanol y un 15 % de gasolina) es para la aplicación de trabajos livianos y Etanol 95 (95% de etanol y un 5 % de gasolina) es para la aplicación de trabajos pesados. Se estima que habrá en las tiendas cerca de 250.000 vehículos. La potencia, la aceleración, el rendimiento y la velocidad crucero se pueden comparar con muchos de los combustibles convencionales. El uso de lubricantes especiales puede ser requerido, se debe consultar el manual o consultar al fabricante para saber cual es el tipo de aceite que debe ser usado.

- *Biodiesel líquido:* producido a partir de recursos renovables como aceites vegetales, grasa animal, el biodiesel ha sido diseñado como una alternativa de combustible para políticas de energía no contaminantes. La potencia, el torque y los precios son similares a muchos de los combustibles diesel. Son necesarios tanques y filtros especiales en ambientes muy cálidos. El biodiesel puro no es toxico y es biodegradable. Para el uso de biodiesel se requiere una pequeña o ninguna modificación.

- *Hidrogeno:* es el elemento más abundante en el universo, pero es raro encontrarlo sin combinación en la tierra. El hidrógeno es normalmente un gas y puede ser comprimido y puesto en cilindros, también puede ser un liquido pero el gas solo se convierte en liquido a temperaturas de $-423.2°$ Fahrenheit. Hoy en día el hidrógeno se obtiene del rompimiento de combustibles hidrocarburos pero pueden ser producidos por electrólisis del agua y fotólisis, el mayor problema con el hidrógeno es que el tanque de almacenamiento requiere de varios tanques de combustibles. Para un contenido equivalente al de la gasolina el hidrógeno liquido requiere sistema de refrigeración, requiere de 6 a 8 veces mas espacio que la gasolina y el gas de hidrógeno comprimido requiere de 6 a 10 veces mas espacio.

- *Diesel:* es más pesado, aceitoso y se evapora mucho mas lento que la gasolina esto porque contiene mas átomos de carbón en cadenas mas largas de gasolina(la gasolina típica es C9H20 mientras que el diesel es típicamente C14H30). Toma menos tiempo refinar para crear el combustible diesel, ya que generalmente es mas barato. El combustible diesel tiene una densidad por galos de $147C \times 10^{\wedge 6}$ Joules. (un diesel muy bien refinado puede considerarse como combustible alternativo de la Nafta; desgraciadamente en un nuestro país este combustible es muy contaminante debido a su poco refinamiento)

- *Gasolina sin plomo:* es un tipo de combustible fósil que se obtiene del petróleo, es el hidrocarburo más usado actualmente, sin embargo por su alto nivel de contaminación de azufre y partículas contaminantes es que se han desarrollado investigaciones tratando de buscar otras alternativas, y se ha desarrollado la gasolina sin plomo, pero esta gasolina no reduce completamente las emisiones contaminantes y requiere de otros aditivos que si no son usados en forma apropiada poseen los mismos efectos contaminantes que el plomo, tal como lo veremos a continuación.

Cabe destacar que, desde los años 20 se ha utilizado el plomo como aditivo para aumentar la calidad de combustión (antidetonante) de la gasolina, medida por su índice de octano, ya que el plomo ha sido la forma menos costosa, desde el punto de vista económico y energético para obtener calidad octanal en una refinería. Los distintos Tipos de Octanaje, que se obtienen técnicamente son tres "números de octano" (87, 91, 95). El cual se mide según El RON (*Research Octane Number*) bajo condiciones de prueba y El MON (*Motor Octane Number*) medido en condiciones de mayor temperatura y velocidad. El valor que relaciona a ambos para dar un panorama más cercano a las condiciones de manejo es el promedio de los dos valores: Road Octane Number = (RON + MON)/2.

Futuro

Ante el próximo agotamiento del petróleo (dentro de unos 50 años según estimaciones) las empresas automovilísticas han comenzado a buscar soluciones, diseñando y fabricando coches que consuman otro tipo de carburantes: biodiesel, hidrógeno líquido, metanol, etcétera. Así como también la aplicación de nuevas tecnologías propulsoras (prototipos). A continuación se explican algunas de las alternativas encontradas, una a una:

Motor de aire: MDI - El coche movido por motor de aire es ya una realidad. Mide 3,84 metros de largo, cuenta con un motor de dos cilindros y 25 CV, con sólo dos marchas y la trasera y alimentado por aire comprimido líquido. Alcanza 110 Km./h. de velocidad máxima.

Inyección directa: Volkswagen "Lupo FSI" - La inyección directa en gasolina permite utilizar mezclas pobres de aire / combustible que obtienen consumos más reducidos. El motor del "Lupo FSI" adapta la mezcla a las condiciones de marcha y no permite que se acumulen partículas de NOx en el catalizador.

Híbrido: Así como el camión Volvo visto anteriormente el Toyota "Prius" - Es la alternativa más consolidada. Desde 1997 se han vendido en Japón más de 45.000 unidades. Tiene un motor de gasolina con 72 CV y otro eléctrico con 45 CV. El motor se para automáticamente en los semáforos y arranca cuando se levanta el pie del freno. Su consumo medio baja de 6 litros.

Pila de combustible de hidrógeno líquido: Mercedes "Clase A Necar 4" - Otra alternativa con mucho futuro. Al generar energía eléctrica con un combustible (hidrógeno puro, metanol, gas natural e incluso gasolina o gasóleo) utilizando la oxidación electroquímica, se elimina el problema de la escasa duración de las baterías convencionales. El "Necar 4" alcanza 150 Km./h., tiene 450 Km. de autonomía y se produjo en 2004.

Pila de combustible de metanol: Honda "FCX" - El "FCX" es un prototipo con motor eléctrico alimentado por una célula de combustible que produce hidrógeno -y con ello energía eléctrica- a partir de metanol. Según Honda, estará listo para comercializarlo muy pronto. Otro de sus aspectos interesantes es que el sistema se encuentra colocado bajo el piso, de manera que no roba espacio al habitáculo.

Conclusión

Es evidente que el panorama en cuanto a la *contaminación ambiental* es gravísimo y que corremos un gran riesgo al no tomar conciencia del daño ecológico que nosotros mismos causamos, haciendo oídos sordos a esta problemática y además de no informarnos de lo que sucede; y desde el punto de vista mecánico hay que hacer mención del poco conocimiento que poseen las personas sobre su vehiculo, en cuanto a los cuidados fundamentales que se deben aplicar para un correcto mantenimiento de sus partes (en nuestro caso el más fundamental *"el sistema de escape")*.

Y desde el punto de vista de la tecnología, los combustibles no contaminantes son una gran alternativa como combustible en automóviles.

Lamentablemente los combustibles no contaminantes, en estos momentos no están al alcance de la mayoría de las personas, además, de no poseer una red de distribución apropiada y/o eficiente, y siendo los costos de producción y almacenamiento muy elevados. Es muy difícil que sea distribuida esta tecnología masivamente pero, con el paso de los años reducirán sus precios y se nivelarán con los precios de las gasolinas normales y hasta existe la posibilidad de que los combustibles alternativos sean más baratos que los que contaminan. En unos cuantos años los precios bajaran porque la tecnología utilizada en el almacenamiento, la producción y la distribución de estos será mejor y estará más desarrollada; además, con la mejora de las tecnologías usadas en los medios de conversión de los combustibles, hará posible que el precio de los automóviles sea menor y los automóviles que utilicen combustibles no contaminantes no sean tan caros como ahora, al ser el precio el factor que impide que las personas usen masivamente los combustibles alternativos.

Solo hay que esperar que la tecnología avance lo suficiente. Hay que esperar que la tecnología se desarrolle para que nos facilite el uso de los combustibles no contaminantes y así tener un carro que utilice como combustible el hidrógeno, lo cual está en fase experimental, al igual que esperamos que la tecnología se desarrolle para poder ir a Marte y para hacer viajes transcontinentales más rápidos a través de naves espaciales. La empresa Chrysler planea lanzar al mercado un automóvil cuyos costos hagan al vehículo accesible al público, hay otras compañías que también desarrollan automóviles no contaminantes; la diversidad en el mercado también incidirá en que los precios sean aún más bajos.

Además de los factores económicos está el factor conocimiento. No son muchas las personas que conocen los combustibles no contaminantes, también se debe tener en cuenta que debe haber gente dispuesta a comprar un automóvil que use combustible no contaminante. Pudiendo de esta forma dar paso a las investigaciones. Todas las condiciones están planteadas para que en el futuro se usen combustibles no contaminantes.

No caben dudas que tanto la tecnología como la necesidad de conservar el planeta son un factor clave.

BIBLIOGRAFÍA

- "Automóvil" Enciclopedia Microsoft® Encarta® en línea 2007. http://www.encarta.msn.es © 1997-2007 Microsoft Corporation. Reservados todos los derechos.

- http://www.buscabiografias.com

- http://www.autocity.com

- Apuntes – Tomo XXXIII. Inventos y descubrimientos. Publicaciones Lo Castillo. Santiago.

- Revista: Conozca Más. Noviembre de 1994

- Revista: Solo Auto. Edición 5, Noviembre de 2000

- Alternative Fuel Data Center (AFDC). En: http://www.afdc.doe.gov/afv/

- Salking, Neil J. Métodos de Investigación. Editorial Prentice Hall, México 1999.

- Llanos. P,Yamil. Cómo funcionan las cosas. En: http://www.geocites.com/SunsetStrip7Amphitheatre/5064/Diese l.HTML

- Actividades de la union europea-sintesis de la legislación Pag: http://europa.eu/scadplus/leg/es/s06021.htm

- página de inicio global de Volvo Trucks.

- http://www.elgaragetv.com. Ing. Garibaldi, Alberto (Autotecnica)

- www.rincondelvago.com

- Derecho Ambiental. Ginno Prieto Rosillo

- www.canbus.galeon.com. Mantenimiento/Funcionamiento de los Catalizadores

- 2008 Cise Electrónica/Sensores. Gral. José María Bustillo 3243 Capital Federal - Buenos Aires – Argentina + 5411 4612- 0103 / +5411 4637- 8381

- RODRÍGUEZ Miguel, *Educación para la salud* Editorial Romor,

- Diesel epic Por LUCAS y PSA.

- Tecnología SCR http://www.adblue.com

- Herramienta de búsqueda: http://www.google.com.ar

- Contacto daccordoba@hotmail.com

La presente edición de *EL MOTOR DE COMBUSTION INTERNA Y SU IMPACTO AMBIENTAL* - se terminó de imprimir en Universitas en el mes de julio de 2020.

Impreso en Argentina

www.ingramcontent.com/pod-product-compliance
Lightning Source LLC
Chambersburg PA
CBHW070558220526
45467CB00003B/1237